建筑识图从新手老手到高手丛书

建筑给排水工程施工图识读要领与实例

张瑞祯　主编

中国建材工业出版社

图书在版编目（CIP）数据

建筑给排水工程施工图识读要领与实例/张瑞祯　主编．
—北京：中国建材工业出版社，2013.10（2019.7 重印）
（建筑识图从新手老手到高手丛书）
ISBN 978-7-5160-0595-8

Ⅰ.①建…　Ⅱ.①张…　Ⅲ.①给排水系统-工程施工
-工程制图-识别　Ⅳ.①TU82

中国版本图书馆 CIP 数据核字（2013）第 228766 号

内　容　提　要

　　本书共分为六个章节，其内容主要包括：建筑给水排水工程识图基础、建筑给水排水工程简介、建筑给水排水工程总平面图识读、建筑给水排水工程平面图识读、建筑给水排水工程系统图识读、建筑给水排水工程详图识读。

　　本书内容丰富，图例尺寸清晰。通过大量图文并茂的实例，帮助读者加强印象，既可作为从事给水、排水设计和施工人员的参考书，也可供大专院校相关专业师生参考学习。

建筑识图从新手老手到高手丛书

建筑给排水工程施工图识读要领与实例

张瑞祯　主编

出版发行：中国建材工业出版社
地　　址：北京市海淀区三里河路 1 号
邮　　编：100044
经　　销：全国各地新华书店
印　　刷：北京雁林吉兆印刷有限公司
开　　本：710mm×1000mm　1/16
印　　张：12.75
字　　数：240 千字
版　　次：2013 年 10 月第 1 版
印　　次：2019 年 7 月第 4 次
定　　价：39.00 元

本社网址：www.jccbs.com.cn
本书如出现印装质量问题，由我社营销部负责调换。联系电话：(010) 88386906

编　委　会

前　言

　　建筑施工图识读是建筑工程施工的基础,建筑构造和设备是建筑设计的重要组成部分,也是建筑装饰施工中必须给予重视的关键环节。

　　参加工程建筑施工的新员工,对建筑的基本构造不熟悉,不能熟练掌握建筑施工图,随着国家经济建设的发展,建筑工程的规模也日益扩大,对于施工人员的识图技能要求也越来越高,帮助他们正确掌握建筑施工图,提高识图技能,为实施工程施工创造良好的条件,是本丛书编写的出发点。

　　本丛书按照最新颁布的《房屋建筑制图统一标准》(GB/T 50001—2010)、《总图制图标准》(GB/T 50103—2010)、《建筑制图标准》(GB/T 50104—2010)、《建筑结构制图标准》(GB/T 50105—2010)、《建筑给水排水制图标准》(GB/T 50106—2010)、《暖通空调制图标准》(GB/T 50114—2010)等相关国家标准编写。

　　本丛书主要作为有关建筑工程技术人员参照新的制图标准学习怎样正确识读和绘制建筑施工现场工程图的培训用书和学习参考书,同时用于专业人员提升专业和技术水平的参考书,还可作为高等院校土建类各专业的参考教材。

　　本丛书共分为三册:

　　(1)《建筑结构工程施工图识读要领与实例》;

　　(2)《建筑设备工程施工图识读要领与实例》;

　　(3)《建筑给排水工程施工图识读要领与实例》。

　　本丛书在编写过程中,融入了编者多年的工作经验。注重工程实践,侧重实际工程施工图的识读,是本书的特色之一。

　　由于编写水平有限,丛书中的缺点在所难免,希望同行和读者给予指正。

编　者

2013 年 9 月

目 录

中国建材工业出版社
China Building Materials Press

我 们 提 供

图书出版、图书广告宣传、企业/个人定向出版、设计业务、企业内刊等外包、代选代购图书、团体用书、会议、培训，其他深度合作等优质高效服务。

编 辑 部
010-68343948

宣传推广
010-68361706

出版咨询
010-68343948

图书销售
010-88386906

设计业务
010-68361706

邮箱：jccbs-zbs@163.com　　　　网址：www.jccbs.com.cn

发展出版传媒　　服务经济建设

传播科技进步　　满足社会需求

第一章　建筑给排水工程识图基础

第一节　基础规定与图例

一、基础规定

1. 绘图比例

绘图时所用的比例,应根据图面的大小及内容复杂程度,以图面布置适当图形能表示明显清晰为原则。给排水工程设计中各种图纸比例见表1-1。

表1-1　常用比例

名　称	比　例	备　注
区域规划图 区域位置图	1：50 000、1：25 000、1：10 000、 1：5 000、1：2 000	宜与总图专业一致
总平面图	1：1 000、1：500、1：300	宜与总图专业一致
管道纵断面图	竖向 1：200、1：100、1：50 纵向 1：1 000、1：500、1：300	—
水处理厂(站)平面图	1：500、1：200、1：100	—
水处理构筑物、设备间、卫生间、 泵房平、剖面图	1：100、1：50、1：40、1：30	—
建筑给排水平面图	1：200、1：150、1：100	宜与建筑专业一致
建筑给排水轴测图	1：150、1：100、1：50	宜与相应图纸一致
详图	1：50、1：30、1：20、1：10、 1：5、1：2、1：1、2：1	—

2. 图线

(1)绘制图纸时要采用不同线型、不同线宽来表示不同的含义。绘图中常用的线型有实线、虚线、点划线、双点划线、折断线、波浪线等,线宽应根据图形大小选择,但在同一张图中,各类线型的线宽应有一定的比例,这样才能保证图面层次清晰。

(2)图线的宽度 b,应根据图纸的类型、比例和复杂程度,按现行国家标准《房屋建筑制图统一标准》(GB/T 50001—2010)中的规定选用。线宽 b 宜为 0.7mm 或 1.0mm。

(3)建筑给排水工程专业制图常用的各种线型宜符合表1-2的规定,

表 1-2　各类线型与线宽

名称	线型	线宽	用途
粗实线	———	b	新设计的各种排水和其他重力流管线
粗虚线	- - - - -	b	新设计的各种排水和其他重力流管线的不可见轮廓线
中粗实线	———	$0.7b$	新设计的各种给水和其他压力流管线;原有的各种排水和其他重力流管线
中粗虚线	- - - - -	$0.7b$	新设计的各种给水和其他压力流管线;原有的各种排水和其他重力流管线的不可见轮廓线
中实线	———	$0.5b$	给排水设备、零(附)件的可见轮廓线;总图中新建的建筑物和构筑物的可见轮廓线;原有的各种给水和其他压力流管线
中虚线	- - - - -	$0.5b$	给排水设备、零(附)件的不可见轮廓线;总图中新建的建筑物和构筑物的不可见轮廓线;原有的各种给水和其他压力流管线的不可见轮廓线
细实线	———	$0.25b$	建筑的可见轮廓线;总图中原有的建筑物和构筑物的可见轮廓线,制图中的各种标注线
细虚线	- - - - -	$0.25b$	建筑的不可见轮廓线;总图中原有的建筑物和构筑物的不可见轮廓线
单点长画线	— · — · —	$0.25b$	中心线、定位轴线
折断线	——/\——	$0.25b$	断开界线
波浪线	～～～	$0.25b$	平面图中水面线;局部构造层次范围线;保温范围示意线

3. 标高

(1)标高符号及一般标注方法应符合现行国家标准《房屋建筑制图统一标准》(GB/T 50001—2010)的规定。

(2)室内工程应标注相对标高;室外工程宜标注绝对标高,当无绝对标高资料时,可标注相对标高,但应与总图标高一致。

（3）压力管道应标注管中心标高；重力流管道和沟渠宜标注管（沟）内底标高。标高单位以 m 计时，可注写到小数点后第二位。

（4）在下列部位应标注标高。

1）沟渠和重力流管道：

①建筑物内应标注起点、变径（尺寸）点、变坡点、穿外墙及剪力墙处；

②需控制标高处。

2）压力流管道中的标高控制点。

3）管道穿外墙、剪力墙和构筑物的壁及底板等处。

4）不同水位线处。

5）建（构）筑物中土建部分的相关标高。

（5）标注方式。

标高的标注方式应符合下列规定。

1）平面图中管道标高应按图 1-1 的方式标注。

2）平面图中沟渠标高应按图 1-2 的方式标注。

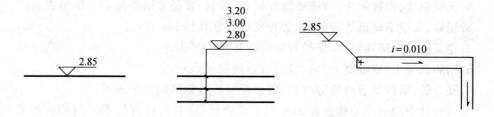

图 1-1 平面图中管道标高标注   图 1-2 平面图中沟渠标高标注

3）剖面图中管道及水位的标高应按图 1-3 的方式标注。

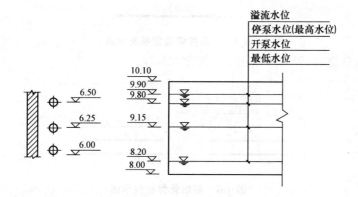

图 1-3 剖面图中管道及水位的标高标注

4）轴测图中管道标高应按图 1-4 的方式标注。

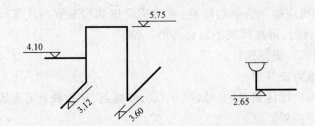

图 1-4　轴测图中管道标高标注

（6）建筑物内的管道也可按本层建筑地面的标高加管道安装高度的方式标注管道标高,标注方法应为 $h+\times.\times\times$, h 表示本层建筑的地面标高。

4. 管径

（1）管径的单位应为 mm。

（2）管径的表达方法应符合下列规定:

1）水煤气输送钢管（镀锌或非镀锌）、铸铁管等管材,管径宜以公称直径 DN 表示。

2）无缝钢管、焊接钢管（直缝或螺旋缝）等管材,管径宜以外径 $D\times$ 壁厚表示。

3）铜管、薄壁不锈钢管等管材,管径宜以公称外径 Dw 表示。

4）建筑给排水塑料管材,管径宜以公称外径 DN 表示。

5）钢筋混凝土（或混凝土）管,管径宜以内径 d 表示。

6）复合管、结构壁塑料管等管材,管径应按产品标准的方法表示。

7）当设计中均采用公称直径 DN 表示管径时,应有公称直径 DN 与相应产品规格对照表。

（3）管径的标注方式应符合下列规定。

1）单根管道时,管径应按图 1-5 的方式标注。

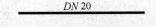

图 1-5　单根管道管径表示法

2）多根管道时,管径应按图 1-6 的方式标注。

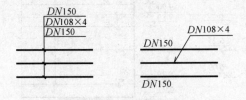

图 1-6　多根管管径表示法

5. 编号

当图纸中建筑物、管道或设备的数量超过 1 个时,应进行编号,编号的方法及标注方式如下:

(1)建筑物的给水引入管或排水管的编号宜按图1-7的方法表示。

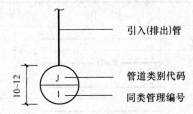

图 1-7　给水引入(排水排出)管编号表示法

(2)建筑物内穿越楼层的立管的编号宜按图1-8的方法表示。

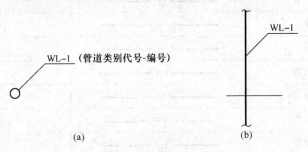

图 1-8　立管编号表示法

(a)平面图；(b)剖面图、系统图、轴测图

(3)在总图中,当同种给排水附属构筑物的数量超过一个时,应进行编号,并应符合下列规定:

1)编号方法应采用构筑物代号加编号表示。

2)给水构筑物的编号顺序宜为从水源到干管,再从干管到支管,最后到用户。

3)排水构筑物的编号顺序宜为从上游到下游,先干管后支管。

(4)当建筑给排水工程的机电设备数量超过一台时,宜进行编号,并应有设备编号与设备名称对照表。

二、图例

(1)管道类别应以汉语拼音字母表示,管道图例宜符合表1-3的要求。

表 1-3　管　　道

名　称	图　例	备　注
生活给水管	—— J ——	—
热水给水管	—— RJ ——	—
热水回水管	—— RH ——	—
中水给水管	—— ZJ ——	—
循环冷却给水管	—— XJ ——	—
循环冷却回水管	—— XH ——	—

名　称	图　例	备　注
热媒给水管	——— RM ———	—
热媒回水管	——— RMH ———	—
蒸汽管	——— Z ———	—
凝结水管	——— N ———	—
废水管	——— F ———	可与中水原水管合用
压力废水管	——— YF ———	—
通气管	——— T ———	—
污水管	——— W ———	—
压力污水管	——— YW ———	—
雨水管	——— Y ———	—
压力雨水管	——— YY ———	—
虹吸雨水管	——— HY ———	—
膨胀管	——— PZ ———	—
保温管	～～～～～	也可用文字说明保温范围
伴热管	——— — — ———	也可用文字说明保温范围
多孔管	—╫—╫—╫—	—
地沟管	═══════	—
防护套管	——[▭]——	—
管道立管	XL-1 平面　　XL-1 系统	X 为管道类别，L 为立管，1 为编号
空调凝结水管	——— KN ———	—
排水明沟	坡向 —→	—
排水暗沟	坡向 —→	—

注:1. 分区管道用加注角标方式表示。

2. 原有管线可用比同类型的新设管线细一级的线型表示，并加斜线，拆除管线则加叉线。

(2)管道附件的图例宜符合表 1-4 的要求。

表 1-4　管道附件

名　称	图　例	备　注
管道伸缩器		—
方形伸缩器		—
刚性防水套管		—
柔性防水套管		—
波纹管		—
可曲挠橡胶接头	单球　　　双球	—
管道固定支架		—
立管检查口		—
清扫口	平面　　　系统	—
通气帽	成品　　蘑菇形	—
雨水斗	YD-1　　YD-1 平面　　　系统	—
排水漏斗	平面　　　系统	—

名　称	图　例	备　注
圆形地漏	平面　　系统	通用。如无水封，地漏应加存水弯
方形地漏	平面　　系统	—
自动冲洗水箱		—
挡墩		—
减压孔板		—
Y 形除污器		—
毛发聚集器	平面　　系统	—
倒流防止器		—
吸气阀		—
真空破坏器		—
防虫网罩		—
金属软管		—

（3）管件的图例宜符合表 1-5 的要求。

表 1-5　管　件

名　称	图　例
偏心异径管	
同心异径管	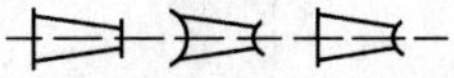
乙字管	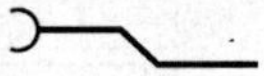
喇叭口	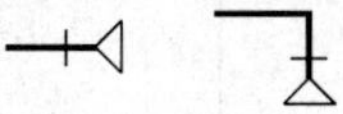
转动接头	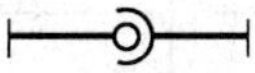
S 形存水弯	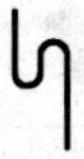
P 形存水弯	
90°弯头	
正三通	
TY 三通	
斜三通	
正四通	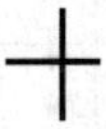
斜四通	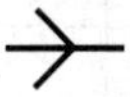
浴盆排水管	

（4）管道连接的图例宜符合表 1-6 的要求。

表 1-6　管道连接

名　称	图　例	备　注
法兰连接	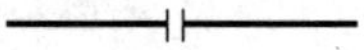	—
承插连接	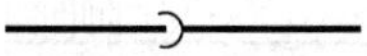	—

名　称	图　例	备　注
活接头	———╫———	—
管堵	———⌐	—
法兰堵盖	———╢	—
盲板	———┤	—
弯折管	——○　○—— 高　低　低　高	—
管道丁字上接	高 ——○—— 低	—
管道丁字下接	高 ——○—— 低	—
管道交叉	低 ——┃—— 高	在下面和后面的管道应断开

（5）阀门的图例宜符合表 1-7 的要求。

表 1-7　阀　门

名　称	图　例	备　注
闸阀	——▷◁——	—
角阀	┤—●—┬	—
三通阀	▷◁	—
四通阀	⋈	—
截止阀	——▷◁——　　　●┬	—

名　称	图　例	备　注
蝶阀		—
电动闸阀		—
液动闸阀		—
气动闸阀		—
电动蝶阀		—
液动蝶阀		—
气动蝶阀		—
减压阀		左侧为高压端
旋塞阀	平面　　　系统	—
底阀	平面　　　系统	—
球阀		—
隔膜阀		—
气开隔膜阀		—

名　称	图　例	备　注
气闭隔膜阀		—
电动隔膜阀		—
温度调节阀		—
压力调节阀		—
电磁阀		—
止回阀		—
消声止回阀		—
持压阀		—
泄压阀		—
弹簧安全阀		左侧为通用
平衡锤安全阀		—
自动排气阀	平面　　　系统	—
浮球阀	平面　　　系统	—
水力液位控制阀	平面　　　系统	—

续表

名　称	图　例	备　注
延时自闭冲洗阀		—
感应式冲洗阀		—
吸水喇叭口	 平面　系统	—
疏水器		—

(6)给水配件的图例宜符合表 1-8 的要求。

表 1-8　给水配件

名　称	图　例
水嘴	平面　　系统
皮带水嘴	平面　　系统
洒水(栓)水嘴	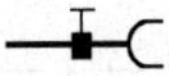
化验水嘴	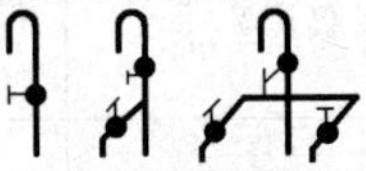
肘式水嘴	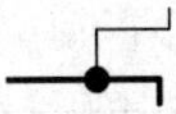
脚踏开关水嘴	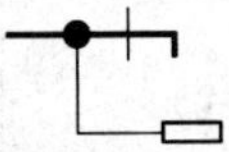
混合水嘴	
旋转水嘴	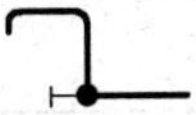

名　称	图　例
浴盆带喷头混合水嘴	
蹲便器脚踏开关	

(7)消防设施的图例宜符合表 1-9 的要求。

表 1-9　消防设施

名　称	图　例	备　注
消火栓给水管	——— XH ———	—
自动喷水灭火给水管	——— ZP ———	—
雨淋灭火给水管	——— YL ———	—
水幕灭火给水管	——— SM ———	—
水炮灭火给水管	——— SP ———	—
室外消火栓		—
室内消火栓(单口)	平面　　系统	白色为开启面
室内消火栓(双口)	平面　　系统	—
水泵接合器		—
自动喷洒头(开式)	平面　　系统	
自动喷洒头(闭式)	平面　　系统	下喷

续表

名　称	图　例	备　注
自动喷洒头（闭式）	平面　　　系统	上喷
自动喷洒头（闭式）	平面　　　系统	上下喷
侧墙式自动喷洒头	平面　　　系统	—
水喷雾喷头	平面　　　系统	—
直立型水幕喷头	平面　　　系统	—
下垂型水幕喷头	平面　　　系统	—
干式报警阀	平面　　　系统	—
湿式报警阀	平面　　　系统	—
预作用报警阀	平面　　　系统	—
雨淋阀	平面　　　系统	—

续表

名　称	图　例	备　注
信号闸阀		—
信号蝶阀	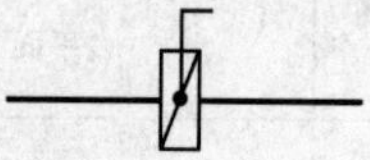	—
消防炮	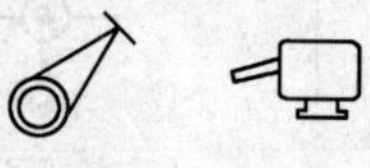 平面　　　系统	—
水流指示器	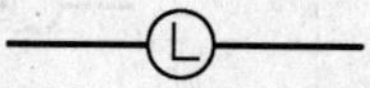	—
水力警铃		—
末端试水装置	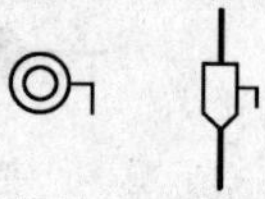 平面　　　系统	—
手提式灭火器		—
推车式灭火器		—

注:1. 分区管道用加注角标的方式表示。

　　2. 建筑灭火器的设计图例可按现行国家标准《建筑灭火器配置设计规范》(GB 50140—2010)的规定确定。

(8)卫生设备及水池的图例宜符合表 1-10 的要求。

表 1-10　卫生设备及水池

名　称	图　例	备　注
立式洗脸盆		—
台式洗脸盆		—
挂式洗脸盆	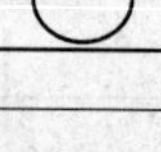	—

续表

名　称	图　例	备　注
浴盆		—
化验盆、洗涤盆		—
厨房洗涤盆		不锈钢制品
带沥水板洗涤盆		—
盥洗槽		—
污水池		—
妇女净身盆		—
立式小便器		—
壁挂式小便器		—
蹲式大便器		—
坐式大便器		—
小便槽		—
淋浴喷头		—

注：卫生设备图例也可以建筑专业资料图为准。

(9)小型给排水构筑物的图例宜符合表 1-11 的要求。

表 1-11　小型给排水构筑物

名　称	图　例	备　注
矩形化粪池	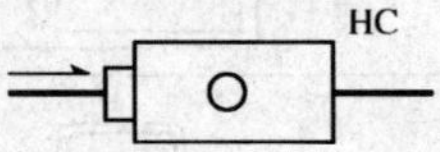 （HC）	HC 为化粪池代号
隔油池	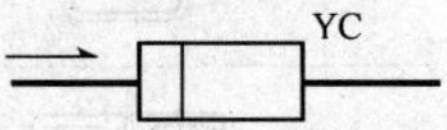 （YC）	YC 为隔油池代号
沉淀池	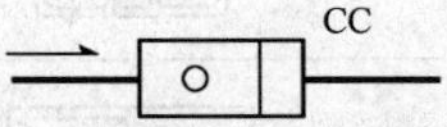 （CC）	CC 为沉淀池代号
降温池	 （JC）	JC 为降温池代号
中和池	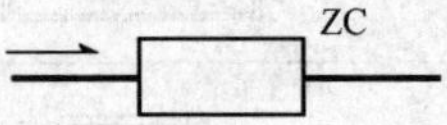 （ZC）	ZC 为中和池代号
雨水口（单箅）		—
雨水口（双箅）		—
阀门井及检查井	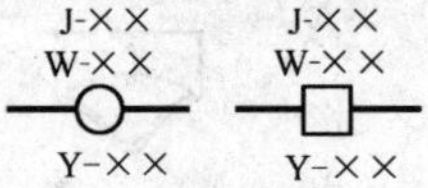 J-×× W-×× Y-××	以代号区别管道
水封井		—
跌水井		—
水表井		—

(10)给排水设备的图例宜符合表 1-12 的要求。

表 1-12　给排水设备

名　称	图　例	备　注
卧式水泵	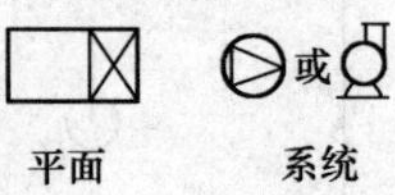 平面　　系统（或）	—

续表

名　称	图　例	备　注
立式水泵	平面　　系统	—
潜水泵		—
定量泵		—
管道泵		—
卧式容积热交换器		—
立式容积热交换器		—
快速管式热交换器		—
板式热交换器		—
开水器		—
喷射器		小三角为进水端
除垢器		—
水锤消除器		—
搅拌器		—

名　称	图　例	备　注
紫外线消毒器	ZWX	—

(11)给排水专业所用仪表的图例宜符合表 1-13 的要求。

表 1-13　仪　表

名　称	图　例
温度计	
压力表	
自动记录压力表	
压力控制器	
水表	
自动记录流量表	
转子流量计	平面　　　系统
真空表	
温度传感器	----[T]----
压力传感器	----[P]----
pH 传感器	----[pH]----

续表

名　称	图　例
酸传感器	----[H]----
碱传感器	----[Na]----
余氯传感器	----[Cl]----

（12）《建筑给排水制图标准》（GB/T 50106—2010）中未列出的管道、设备、配件等图例，设计人员可自行编制并作出说明，但不得与《建筑给排水制图标准》（GB/T 50106—2010）的相关图例重复或混淆。

第二节　图样画法

一、一般规定

（1）图纸幅面规格、字体、符号等均应符合现行国家标准《房屋建筑制图统一标准》（GB/T 50001—2010）的有关规定。

图样图线、比例、管径、标高和图例等。

参见第一章第一节图例的相关内容。

（2）设计应以图样表示，当图样无法表示时可加注文字说明。设计图纸表示的内容应满足相应设计阶段的设计深度要求。

（3）对于设计依据、管道系统划分、施工要求、验收标准等在图纸中无法表示的内容，应按下列规定：

1）有关项目的问题，施工图阶段应在首页或次页编写设计施工说明集中说明；

2）图纸中的局部问题，应在本张图纸内以附注形式予以说明；

3）文字说明应条理清晰、简明扼要、通俗易懂。

（4）设备和管道的平面布置、剖面图均应符合现行国家标准《房屋建筑制图统一标准》（GB/T 50001—2010）的规定，并应按直接正投影法绘制。

（5）工程设计中，本专业的图纸应单独绘制。在同一个工程项目的设计图纸中，所用的图例、术语、图线、字体、符号、制图表示方式等应一致。

（6）在同一个工程子项目的设计图纸中，所用的图纸幅面规格应一致。如有困难时，其图纸幅面规格不宜超过2种。

（7）尺寸的数字和计量单位应符合下列规定：

1）图样中尺寸的数字、排列、布置及标注，应符合现行国家标准《房屋建筑制图统一标准》（GB/T 50001—2010）的规定；

2）单体项目平面图、剖面图、详图、放大图、管径等的尺寸应以 mm 计；

3)标高、距离、管长、坐标等应以 m 计,精确度可取至 cm。

(8)标高和管径的标注应符合下列规定:

1)单体建筑应标注相对标高,并注明相对标高与绝对标高的换算关系;

2)总平面图应标注绝对标高,并注明标高体系;

3)压力流管道应标注管道中心;

4)重力流管道应标注管道内底;

5)横管的管径宜标注在管道的上方,竖向管道的管径宜标注在管道的左侧,斜向管道应按现行国家标准《房屋建筑制图统一标准》(GB/T 50001—2010)的规定进行标注。

(9)工程设计图纸中的主要设备器材表的格式,可按图 1-9 绘制。

图 1-9　主要设备器材表

二、图号和图纸编排

(1)设计图纸编号的有关规定。

1)规划设计阶段宜以水规-1、水规-2 等以此类推表示;

2)初步设计阶段宜以水初-1、水初-2 等以此类推表示;

3)施工图设计阶段宜以水施-1、水施-2 等以此类推表示;

4)单体项目只有一张图纸时,宜采用水初-全、水施-全表示,并宜在图纸图框线内的右上角标"全部水施图纸均在此页"字样,如图1-10所示;

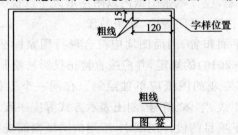

图 1-10　只有一张图纸时的右上角字样位置

5)施工图设计阶段,本工程各单体项目通用的统一详图宜以水通-1、水通-2 等以此类推表示。

(2)设计图纸编写目录的有关规定。

1)初步设计阶段,工程设计的图纸目录宜以工程项目为单位进行编写;

2)施工图设计阶段,工程设计的图纸目录宜以工程项目的单体项目为单位进行编写;

3)施工图设计阶段,本工程各单体项目共同使用的统一详图宜单独进行编写。

(3)设计图纸排列的有关规定。

1)图纸目录、使用标准图目录、使用统一详图目录、主要设备器材表、图例和设计施工说明宜在前,设计图纸宜在后。如果在一张图纸内排列不完时,应按所述内容的顺序单独成图和编号。

2)设计图样宜按下列规定进行排列:

①管道系统图在前,平面图、放大图、剖面图、轴测图、详图依次在后编排;

②管道展开系统图应按生活给水、生活热水、直饮水、中水、污水、废水、雨水、消防给水等依次编排;

③平面图中应按地面下各层依次在前,地面上各层由低向高依次编排;

④水净化(处理)工艺流程断面图在前,水净化(处理)机房(构筑物)平面图、剖面图、放大图、详图依次在后编排;

⑤总平面图应按管道布置图在前,管道节点图、阀门井剖面示意图、管道纵断面图或管道高程表、详图依次在后编排。

三、图样布置

(1)同一张图纸内绘制多个图时,宜按下列规定布置:

1)多个平面图时应按建筑层次由低层至高层、由下而上的顺序布置;

2)既有平面图又有剖面图时,应按平面图在下、剖面图在上或在右的顺序布置;

3)卫生间放大平面图,应按平面放大图在上,从左向右排列,相应的管道轴测图在下,从左向右布置;

4)安装图和详图宜按索引编号,并按从上至下、由左向右的顺序布置;

5)图纸目录、使用标准图目录、设计施工说明、图例和主要设备器材表,宜按自上而下、从左向右的顺序布置。

(2)图名的标注。

每个图样均应在图样下方标注出图名,图名下应绘制一条中粗横线,长度应与图名长度相等,图样比例应标注在图名右下侧横线上侧处。

(3)图样中文字说明的标注。

图样中某些问题需要用文字说明时,应在图面的右下部用"附注"的形式书写,并应对说明内容分条进行编号。

四、总图

(1)总平面图管道布置应符合下列规定:

1)建筑物和构筑物的名称、外形、编号、坐标、道路形状、比例和图样方向等,应与总图专业图纸一致,但所用图线应符合表 1-1 的规定。

2)给水、排水、热水、消防、雨水和中水等管道宜绘制在一张图纸内。

3)当管道种类较多、地形复杂、在同一张图纸内不能将全部管道表示清楚时，宜按压力流管道、重力流管道等分类适当分开绘制。

4)各类管道、阀门井、消火栓(井)、水泵接合器、洒水栓井、检查井、跌水井、雨水口、化粪池、隔油池、降温池、水表井等编号和绘制。

分别参见应按第一章第一节基础规定与图例和第一章第二节图样画法的相关内容。

5)坐标标注方法应符合下列规定：

①以绝对坐标定位时，应对管道起点处、转弯处和终点处的阀门井、检查井等的中心标注定位坐标；

②以相对坐标定位时，应以建筑物外墙或轴线作为定位起始基准线，标注管道与该基准线的距离；

③圆形构筑物应以圆心为基点标注坐标或距建筑物外墙(或道路中心)的距离；

④矩形构筑物应以两对角线为基点，标注坐标或距建筑物外墙的距离；

⑤坐标线、距离标注线均采用细实线绘制。

6)标高标注方法应符合下列规定：

①总图中标注的标高应为绝对标高；

②建筑物标注室内±0.000处的绝对标高时，应按图1-11的方法标注。

图1-11　室内±0.000处的绝对标高标注

7)指北针或风玫瑰图应绘制在总图管道布图图样的右上角。

(2)给水管道节点图宜按下列规定绘制：

1)管道节点图可不按比例绘制，但节点位置、编号、接出管方向应与给排水管道总图一致。

2)管道应注明管径、管长及泄水方向。

3)节点阀门井的绘制应包括下列内容：

①节点平面形状和大小；

②阀门和管件的布置、管径及连接方式；

③节点阀门井中心与井内管道的定位尺寸。

4)必要时节点阀门井应绘制剖面示意图。

5)给水管道节点图图样，如图1-12所示。

(3)总图管道布置图上标注管道标高宜符合下列规定。

1)检查井上、下游管道管径无变径，且无跌水时，宜按图1-13的方式标注。

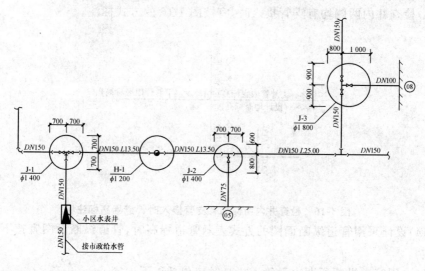

图 1-12　给水管道节点图图样

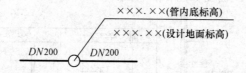

图 1-13　检查井内上、下游管道管径无变径且无跌水时管道标高标注

2)检查井内上、下游管道的管径有变化或有跌水时,宜按图 1-14 的方式标注。

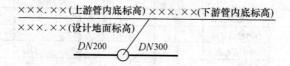

图 1-14　检查井内上、下游管道管径有变化且有跌水时管道标高标注

3)检查井内一侧有支管接入时,宜按图 1-15 的方式标注。

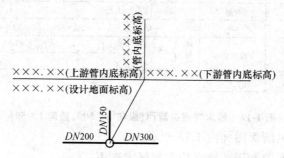

图 1-15　检查井内一侧有支管接入时管道标高标注

4)检查井内两侧均有支管接入时,宜按图 1-16 的方式标注。

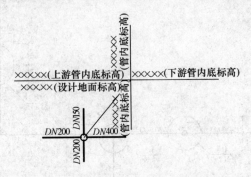

图 1-16　检查井内两侧均有支管接入时管道标高标注

(4)设计采用管道纵断面图的方式表示管道标高时,管道纵断面图宜按下列规定绘制。

1)采用管道纵断面图表示管道标高时应包括以下内容:

①压力流管道纵断面图如图 1-17 所示。

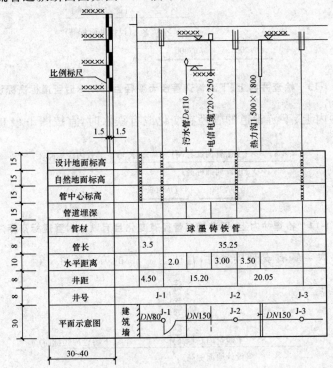

图 1-17　给水管道纵断面(纵向 1∶500,竖向 1∶50)

②重力管道纵断面图如图 1-18 所示。

2)管道纵断面图所用图线宜按下列规定选用:

①压力流管道管径不大于 400mm 时,管道宜用中粗实线单线表示;

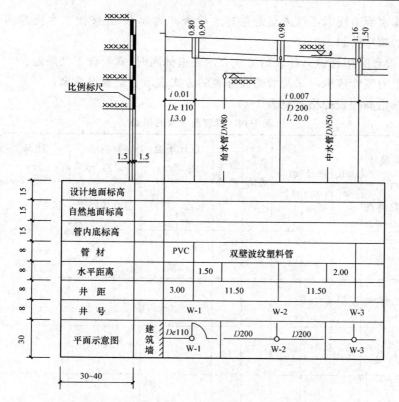

图 1-18　污水(雨水)管道纵断面图(纵向 1∶500,竖向 1∶50)

②重力流管道除建筑物排出管外,不分管径大小均宜以中粗实线双线表示;

③图样中平面示意图栏中的管道宜用中粗单线表示;

④平面示意图中宜将与该管道相交的其他管道、管沟、铁路及排水沟等按交叉位置给出;

⑤设计地面线、竖向定位线、栏目分隔线、检查井、标尺线等宜用细实线,自然地面线宜用细虚线。

3)图样比例宜按下列规定选用:

①在同一图样中可采用两种不同的比例;

②纵向比例应与管道平面图一致;

③竖向比例宜为纵向比例的 1/10,并应在图样左端绘制比例标尺。

4)绘制与管道相交叉管道的标高宜按下列规定标注:

①交叉管道位于该管道上面时,宜标注交叉管的管底标高;

②交叉管道位于该管道下面时,宜标注交叉管的管顶或管底标高。

5)图样中的"水平距离"栏中应标出交叉管距检查井或阀门井的距离,或相互间的距离。

6)压力流管道从小区引入管经水表后应按供水水流方向先干管后支管的顺序绘制。

7)排水管道应以小区内最起端排水检查井为起点,并按排水水流方向先干管后支管的顺序绘制。

(5)设计采用管道高程表的方法表示管道标高时,宜符合下列规定:

1)重力流管道也可采用管道高程表的方式表示管道敷设标高;

2)管道高程表的格式见表 1-14。

表 1-14　管道高程表的格式

项次	管段编号		管长 /m	管径 /mm	坡度 /(‰)	管底坡降 /m	管底跌落 /m	设计地面标高/m		管内底标高/m		埋深 /m		备注
	起点	终点						起点	终点	起点	终点	起点	终点	

五、建筑给排水平面图

1. 建筑给排水平面图

(1)建筑物轮廓线、轴线号、房间名称、楼层标高、门、窗、梁柱、平台和制图比例等均应与建筑专业一致,但图线应用细实线绘制。

(2)各类管道、用水器具和设备、消火栓、喷洒水头、雨水斗、立管、管道、上弯或下弯以及主要阀门、附件等均应按第一章第一节中的图例作图,以正投影法绘制在平面图上,其图线应符合表 1-2 的规定。

管道种类较多,在一张平面图内表达不清楚时,可将给排水、消防或直饮水管分开绘制相应的平面图。

(3)各类管道应标注管径和管道中心距建筑墙、柱或轴线的定位尺寸,必要时还应标注管道标高。

(4)管道立管应按不同管道代号在图面上自左向右按第一章第一节的规定分别进行编号,且不同楼层同一立管编号应一致。消火栓也可分楼层从左向右按顺序进行编号。

(5)敷设在该层的各种管道和为该层服务的压力流管道均应绘制在该层的平面图上;敷设在下一层而为本层器具和设备排水服务的污水管、废水管和雨水管应绘制在本层平面图上。如有地下层时,各种排出管、引入管可绘制在地下层平面图上。

(6)设备机房、卫生间等另绘制放大图时,应在这些房间内按现行国家标准《房屋建筑制图统一标准》(GB/T 50001—2010)的规定绘制引出线,并在引出线上面注明"详见水施-××"字样。

(7)平面图、剖面图中局部部位需另绘制详图时,应在平面图、剖面图和详图上按现行国家标准《房屋建筑制图统一标准》(GB/T 50001—2010)的规定绘制被索引详图的图样和编号。

(8)引入管、排出管应注明与建筑轴线的定位尺寸、穿建筑外墙的标高和防水套管形式,并应按第一章第一节的规定,以管道类别从左至右按顺序进行编号。

(9)管道布置不相同的楼层应分别绘制其平面图;管道布置相同的楼层可绘制一个楼层的平面图,并按现行国家标准《房屋建筑制图统一标准》(GB/T 50001—2010)的规定标注楼层地面标高。平面图应按第一章第一节的规定标注管径、标高和定位尺寸。

(10)地面层(±0.000)平面图应在图幅的右上方按现行国家标准《房屋建筑制图统一标准》(GB/T 50001—2010)的规定绘制指北针。

(11)建筑专业的建筑平面图采用分区绘制时,本专业的平面图也应分区绘制,分区部位和编号应与建筑专业一致,并应绘制分区组合示意图,各区管道相连但在该区中断时,第一区应用"至水施-××",第二区左侧应用"自水施-××",右侧应用"至水施-××"方式表示,并应以此类推。

(12)建筑各楼层地面标高应以相对标高标注,并应与建筑专业一致。

2. 屋面给排水平面图

(1)屋面形状、伸缩缝或沉降位置、图面比例、轴线号等应与建筑专业一致,但图线应采用细实线绘制。

(2)同一建筑的楼层面如有不同标高时,应分别注明不同高度屋面的标高和分界线。

（3）屋面应绘制出雨水汇水天沟、雨水斗、分水线位置、屋面坡向、每个雨水斗的汇水范围，以及雨水横管和主管等。

（4）雨水斗应进行编号，每只雨水斗宜注明汇水面积。

（5）雨水管应标注管径、坡度。如雨水管仅绘制系统原理图时，应在平面图上标注雨水管起始点及终止点的管道标高。

（6）屋面平面图中还应绘制污水管、废水管、污水潜水泵坑等通气立管的位置，并应注明立管编号。当某标高层屋面设有冷却塔时，应按实际设计数量表示。

六、管道系统图

管道系统图应表示出管道内的介质流经的设备、管道、附件、管件等连接和配置情况。

1. 管道展开系统图

（1）管道展开系统图可不受比例和投影法则限制，可按展开图绘制方法按不同管道种类分别用中粗实线进行绘制，并应按系统编号。一般高层建筑和大型公共建筑宜绘制管道展开系统图。

（2）管道展开系统图应与平面图中的引入管、排出管、立管、横干管、给水设备、附件、仪器仪表及用水和排水器具等要素相对应。

（3）应绘出楼层（含夹层、跃层、同层升高或下降等）地面线。层高相同时楼层地面线应等距离绘制，并应在楼层地面线左端标注楼层层次和相对应楼层地面标高。

（4）立管排列应以建筑平面图左端立管为起点，顺时针方向自左向右按立管位置及编号依次排列。

（5）横管应与楼层线平行绘制，并应与相应立管连接，为环状管道时两端应封闭，封闭线处宜绘制轴线号。

（6）立管上的引出管和接入管应按所在楼层用水平线绘出，可不标注标高（标高应在平面图中标注），其方向、数量应与平面一致，为污水管、废水管和雨水管时，应按平面图接管顺序对应排列。

（7）管道上的阀门、附件、给水设备、给排水设施和给水构筑物等，均应按图例示意绘出。

（8）立管偏置（不含乙字管和 2 个 45°弯头偏置）时，应在所在楼层用短横管表示。

（9）立管、横管及末端装置等应标注管径。

（10）不同类别管道的引入管或排出管，应绘出所穿建筑外墙的轴线号，并应标注出引入管或排出管的编号。

2. 管道轴测系统图

（1）轴测系统图应以 45°正面斜轴测的投影规则绘制。

（2）轴测系统图应采用与相对应的平面图相同的比例绘制。当局部管道密集或重叠处不容易表达清楚时,应采用断开绘制画法,也可采用细虚线连接画法绘制。

(3)轴测系统图应绘出楼层地面线,并应标注出楼层地面标高。

(4)轴测系统图应绘出横管水平转弯方向、标高变化、接入管或接出管以及末端装置等。

(5)轴测系统图应将平面图中对应管道上的各类阀门、附件、仪表等给排水要素,按数量、位置及比例一一绘出。

(6)轴测系统图应标注管径、控制点标高或距楼层面垂直尺寸、立管和系统编号,并应与平面图一致。

(7)引入管和排出管均应标出所穿建筑外墙的轴线号、引入管和排出管编号、建筑室内地面线与室外地面线,并应标出相应标高。

(8)卫生间放大图应绘制管道轴测图,多层建筑宜绘制管道轴测系统图。

3. 卫生间采用管道展开系统图

(1)给水管、热水管应以立管或入户管为基点,按平面图的分支、用水器具的顺序依次绘制。

(2)排水管道应按用水器具和排水支管接入排水横管的先后顺序依次绘制。

(3)卫生器具、用水器具、给水和排水接管,应以其外形或文字形式予以标注,其顺序、数量应与平面图相同。

(4)展开系统图可不按比例制图。

七、局部平面放大图、剖面图、安装图及详图

1. 绘制局部平面放大图

(1)本专业设备机房、局部给排水设施和卫生间等按第一章第二节中图样布置的要求,平面图难以表达清楚时,应绘制局部平面放大图。

(2)局部平面放大图应将设计选用的设备和配套设施,按比例全部用细实线绘制出其外形或基础外框、配电、检修通道、机房排水沟等平面布置图和平面定位尺寸,对设备、设施及构筑物等应自左向右、自上而下进行编号。

(3)应按图例绘出各种管道与设备、设施及器具等相互接管关系及在平面图中的平面定位尺寸;如管道用双线绘制时,应采用中粗实线按比例绘出,管道中心线应用单点长画细线表示。

(4)各类管道上的阀门、附件应按图例、按比例、按实际位置绘出,并应标注出管径。

(5)局部平面放大图应以建筑轴线编号和地面标高定位,并应与建筑平面图一致。

(6)绘制设备机房平面放大图时,应在图签的上部绘制"设备编号与名称对照表",如图 1-19 所示。

(7)卫生间如绘制管道展开系统图时,应标出管道的标高。

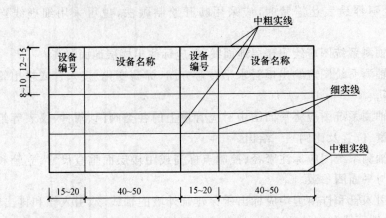

图 1-19　设备编号与名称对照表

2. 绘制剖面图的规定

(1)设备、设施数量多,各类管道重叠、交叉多,且用轴测图难以表示清楚时,应绘制剖面图。

(2)剖面图的建筑结构外形应与建筑结构专业一致,应用细实线绘制。

(3)剖面图的剖切位置应选在能反映设备、设施及管道全貌的部位。剖切线、投射方向、剖切符号编号、剖切线转折等,应符合现行国家标准《房屋建筑制图统一标准》(GB/T 50001—2010)的规定。

(4)剖面图应在剖切面处按直接正投影法绘制出沿投影方向看到的设备和设施的形状、基础形式、构筑物内部的设备设施和不同水位线标高、设备设施和构筑物各种管道连接关系、仪器仪表的位置等。

(5)剖面图还应表示出设备、设施和管道上的阀门、附件和仪器仪表等位置及支架(或吊架)形式。剖面图局部部位需要另绘详图时,应标注索引符号,索引符号应按现行国家标准《房屋建筑制图统一标准》(GB/T 50001—2010)的规定绘制。

(6)剖面图应标注出设备、设施、构筑物、各类管道的定位尺寸、标高、管径,以及建筑结构的空间尺寸。

(7)仅表示某楼层管道密集处的剖面图,宜绘制在该层平面图内。

(8)剖切线应用中粗线,剖切面编号应用阿拉伯数字从左至右顺序编号,剖切编号应标注在剖切线一侧,剖切编号所在侧应为该剖切面的剖视方向。

3. 绘制安装图和详图的规定

(1)无定型产品可供设计选用的设备、附件、管件等应绘制制造详图。无标准图可选用的用水器具安装图、构筑物节点图等,也应绘制施工安装图。

(2)设备、附件、管件等制造详图,应以实际形状绘制总装图,并应对各零部件进行编号,再对零部件绘制制造图。该零部件下面或左侧应绘制包括编号、名称、规格、材质、数量、质量等内容的材料明细表;其图线、符号、绘制方法等应按现行国家标准《机械制图　图样画法　图线》(GB/T 4457.4—2002)、《机械制图　剖面符号》(GB 4457.5—1984)、《机械制图　装配图中零、部件序号及其编排方法》(GB/T 4458.2—2003)的有关规定绘制。

(3)设备及用水器具安装图应按实际外形绘制,对安装图各部件应进行编号,应标注安装尺寸代号,并应在该安装图右侧或下面绘制包括相应尺寸代号的安装尺寸表和安装所需的主要材料表。

(4)构筑物节点详图应与平面图或剖面图中的索引号一致,对使用材质、构造做法、实际尺寸等应按现行国家标准《房屋建筑制图统一标准》(GB/T 50001—2010)的规定绘制多层共用引出线,并应在各层引出线上方用文字进行说明。

八、水净化处理流程图

(1)初步设计宜采用方框图绘制水净化处理工艺流程图,如图 1-20 所示。

图 1-20　水净化处理工艺流程

(2)施工图设计应按下列规定绘制水净化处理工艺流程断面图:

1)水净化处理工艺流程断面图应按水流方向,将水净化处理各单元的设备、设施、管道连接方式按设计数量全部对应绘出,可不按比例绘制。

2)水净化处理工艺流程断面图应将全部设备及相关设施按设备形状、实际数量用细实线绘出。

3)水净化处理设备和相关设施之间的连接管道应以中粗实线绘制,设备和管道上的阀门、附件、仪器仪表应以细实线绘制,并应对设备、附件、仪器仪表进行编号。

4)水净化处理工艺流程断面图(图 1-21)应标注管道标高。

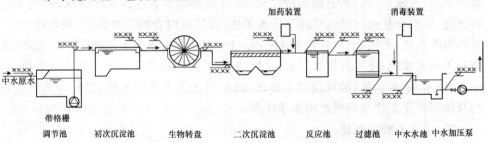

图 1-21　水净化处理工艺流程断面图画法示范

5)水净化处理工艺流程断面图应绘制设备、附件等编号与名称对照表。

第二章 建筑给排水工程简介

第一节 建筑给水系统

一、给水系统的分类及设置

1. 给水系统的分类

(1)生活给水系统。

供人们在不同场合的饮用、烹饪、洗涤、沐浴等日常生活用水的给水系统,其给水水质必须符合国家规定的生活饮用水卫生标准。

(2)生产给水系统。

供给各类产品生产过程中所需的用水、生产设备的冷却、原料和产品的洗涤及锅炉用水等的给水系统。

生产用水对水质、水量、水压及给水的安全性因工艺要求的不同,而有较大的差异。

(3)消防给水系统。

供给各类消防设备扑灭火灾用水的给水系统。消防给水对水质的要求不高,但必须按照国家现行标准的规定,以确保供应足够的水量和水压。

2. 给水系统的设置

生活给水系统、生产给水系统、消防给水系统既可独立设置,也可根据各类用水对水质、水量、水压、水温的不同要求,结合室外给水系统的实际情况,经技术经济比较,或综合社会、经济、环境等因素考虑,设置成组合的共用系统,如生活、生产共用给水系统,生活、消防共用给水系统,生产、消防共用给水系统,生活、生产、消防共用给水系统;还可按供水用途、系统功能的不同,设置生活饮用水给水系统、杂用水(中水)给水系统、消火栓给水系统、自动喷水灭火给水系统、水幕消防给水系统及循环或重复使用的生产给水系统等。

二、给水系统的组成

建筑给水系统一般由引入管、水表节点、管道系统、给水附件、加(减)压和贮水设备、给水局部处理设施等组成。

1. 引入管

引入管是城市给水管道与用户给水管道间的连接管,对一幢单体建筑而言,引入管也称进户管。对于工厂、学校的群体建筑,引入管指总进水管。

2. 水表节点

水表节点是安装在引入管上的水表及前后设置的阀门和泄水装置的总称。

水表用以计量建筑的总用水量。水表前后的阀门在水表检修、拆换时用来关闭管路。泄水装置主要用于室内管道系统检修时放空水,也可用来检修水表精度和测定管道进户时的水压值。设置管道过滤器的目的是保证水表正常工作及其测量精度。

水表节点一般设在水表井中,温暖地区的水表井一般设在室外,寒冷地区的水表井可设在建筑地下室或不会冻结的部位。

3. 管道系统

建筑室内给水管道包括干管、立管和横支管。

4. 给水附件

给水附件包括消火栓、消防喷头以及各类阀门(控制阀、减压阀、止回阀)等。

5. 加(减)压和贮水设备

当室外给水管网的水量、水压不能满足建筑用水要求,或用户要求压力稳定、须确保供水安全可靠时,可根据需要,在建筑给水系统中设置水泵、气压给水装置、变频调速给水装置、水箱等增压和贮水设备。当某些部位的水压过高时,应根据需要设置减压设备给水局部处理设施。

6. 给水局部处理设施

当某些建筑对给水水质要求很高,超出国家现行生活饮用水卫生标准时或其他原因造成水质不能满足要求时,需设置一些给水局部处理设备、构筑物等进行给水深度处理。

三、基本给水方式

给水方式,见表 2-1。

表 2-1 给水方式

项 目	内 容
直接给水方式	(1)当室外给水管网提供的水量、水压在任何时候均能满足建筑用水时,直接把室外管网的水引到建筑内各用水点,称为直接给水方式,如图 2-1 所示。 (2)室内管网和外部给水管网直接连接,利用室外管网水压直接供水,适用于低层和多层建筑以及高层建筑低区。在初步设计过程中,可用经验法估算建筑所需水压,以确定能否采用直接给水方式
单设水箱的给水方式	(1)当室外给水管网提供的水压只是在用水高峰时段出现不足时,或者建筑内要求水压稳定,且该建筑具备设置高位水箱的条件时,可采用单设水箱的给水方式,如图 2-2 所示。 (2)单设水箱给水方式在用水低峰时,利用室外给水管网水压直接供水并向水箱进水;在用水高峰时,水箱出水供给给水系统,以达到调节水压和水量的目的

项　　目	内　　容
设水泵和水箱的给水方式	(1)当室外给水管网提供的水压经常不能满足所需水压,室内用水不均匀,且室外管网允许直接抽水时,可采用设水泵和水箱的给水方式,如图 2-3 所示。 (2)设水泵和水箱的给水方式是一种在变频器未普及时的传统供水方式,其优点是水泵出水量稳定,能及时向水箱供水,可减少水箱容积;高位水箱储存调节容积可起到调节作用,水泵水压稳定,能在高效区运行
设气压给水装置的给水方式	(1)当室外给水管网压力低于或经常不能满足室内所需水压,室内用水不均匀,且不宜设置高位水箱时可采用设气压给水装置的给水方式。 (2)设气压给水装置的给水方式,即在给水系统中设置气压给水设备,利用该设备气压水罐内气体的可压缩性,形成所需的调节容积,协同水泵增压供水,如图 2-4 所示。气压水罐的作用相当于高位水箱,但其位置可根据需要较灵活地设在高处或低处
设变频调速给水装置的给水方式	(1)当室外给水管网水压经常不足,建筑内用水量较大且不均匀,要求可靠性高、水压恒定时,或者建筑物顶部不宜设高位水箱时,可采用设变频调速给水装置进行供水。 (2)设变频调速给水装置的给水方式可省去屋顶水箱,水泵效率高,但一次性投资较大
分区给水方式	(1)当建筑高度较高时,室外给水管网的压力只能满足建筑下部若干层的供水要求,不能满足上层需要时,为节约能源、有效地利用外网的水压,常将建筑物下层和上层分开供水,低区设置成由室外给水管网直接供水,高区由增压贮水设备供水,如图 2-5 所示。 (2)为保证供水的可靠性,可将低区与高区的一根或几根立管相连接,在分区处设置阀门,以防低区进水管发生故障或外网水压不足时,打开阀门由高区向低区供水。 (3)对于高层建筑过高,不分区会造成下层管道系统承受的静压太大,因此必须分区供水,即在建筑物的垂直方向上按一定高度依次分为若干个供水区域,每个供水区域分别组成各自独立的供水系统。根据各分区间的关系,高层建筑给水方式可分为串联给水方式、并联给水方式和减压给水方式,见表 2-2

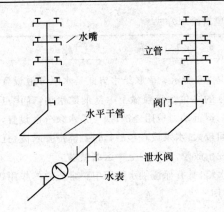

图 2-1　直接给水方式

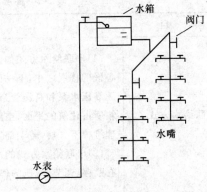

图 2-2　单设水箱的给水方式

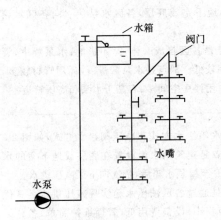

图 2-3　设水泵和水箱的给水方式

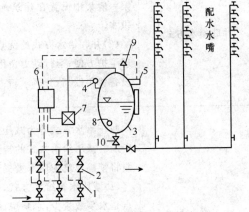

图 2-4　气压给水方式

1—水泵;2—止回阀;3—气压水罐;4—压力信号器;
5—液位信号器;6—控制器;7—补气阀;
8—排气阀;9—安全阀;10—阀门

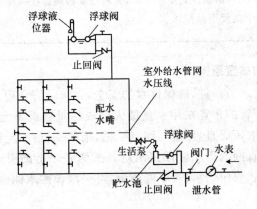

图 2-5　分区给水方式

表 2-2　高层建筑给水方式

项　目	内　容
串联给水方式	(1)串联给水方式如图 2-6 所示。串联给水方式是水泵分散设置在各区的楼层之中,下一区的高位水箱兼做上一区的贮水池,其优点是无高压水泵和高压管道,运行动力费用经济;缺点是水泵分散设置,水箱所占建筑的平面、空间较大,水泵设在楼层,防振、隔声要求高,且管理维护不方便,若下部发生故障,将影响上一区的供水。 (2)串联给水方式的水箱,具有保证供水管网中正常压力的作用,兼有贮存、调节、减压的作用
并联给水方式	(1)并联给水方式如图 2-7 所示。各分区独立设置水箱和水泵,水泵一般集中设置在建筑的地下室或底层,各区水泵独立向各区水箱供水。 (2)并联给水方式的优点是各区自成一体,互不影响;水泵集中,管理维护方便;运行动力费用较低。缺点是水泵数量多,耗用管材较多,设备费用偏高;分区水箱占用楼房空间多;有高压水泵和高压管道
减压给水方式	减压给水方式分为减压水箱给水方式和减压阀给水方式,如图 2-8 所示。减压给水方式的特点是建筑用水由设置在底层或地下室的水泵将整幢建筑的用水量提升至屋顶水箱后,依次向下区减压供水。 (1)减压水箱给水方式,是通过各区减压水箱实现减压供水。其优点是水泵数量少,水泵房面积小,设备费用低,管理维护简单,各分区减压水箱容积小;缺点是水泵运行动力费用高,屋顶水箱容积大,建筑高度高、分区较多时,下区减压水箱中浮球阀承压过大,易造成关闭不严的现象,上部某些管道部位发生故障时,将影响下部的供水。 (2)减压阀给水方式,是利用减压阀替代减压水箱,优点是节省建筑的使用面积

四、给水管道的布置原则

(1)满足良好的水力条件,确保供水的安全,力求经济合理。

引入管、给水干管的布置在用水量最大处或尽量靠近不允许间断供水处。给水管道的布置应力求短而直,尽量与墙、梁、柱、桁架平行;不允许间断供水的建筑,应从室外环状给水管网的不同管段接出两条或两条以上的引入管,在室内将管道连成环状或贯通枝状双向供水;若不能满足,可采取设贮水池(箱)或增设第二水源等安全供水设施。

(2)保证建筑物的使用功能和生产安全。

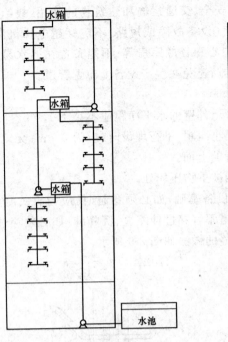

图 2-6 高层建筑串联给水方式

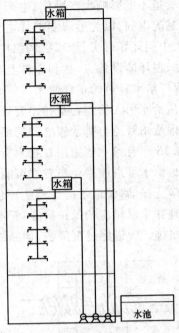

图 2-7 高层建筑并联给水方式

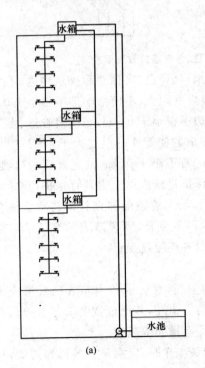

(a)

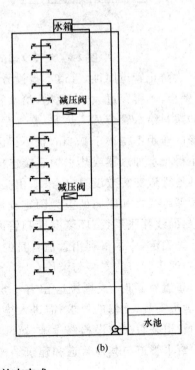

(b)

图 2-8 减压给水方式

(a)减压水箱给水方式；(b)减压阀给水方式

　　给水管道不能影响生产操作、生产安全、交通运输和建筑物的使用,故给水管道不应穿越配电间,以免因渗漏造成电气设备故障或短路;不应穿越电梯机房、通信机房、大中型计算机房、计算机网络中心和音像库房等;不能布置在遇水易引起燃烧、爆炸、损坏的设备、产品和原料上方;避免在生产设备上布置管道。

　　(3)保证给水管道的正常使用。

　　1)生活给水引入管与污水排出管管道外壁的水平净距应不小于 1.0m。

　　2)室内给水管道与排水管之间的最小净距,平行埋设时,应为 0.5m;交叉埋设时,应为 0.15m,且给水管道应在排水管的上面。

　　3)埋地给水管道应避免布置在可能被重物压坏处。

　　4)为防止振动,管道不得穿越生产设备基础,如必须穿越时,应与有关专业人员协商处理并采取相应的保护措施;管道不宜穿过伸缩缝、沉降缝,如必须穿过,应采取保护措施。管道穿越沉降缝、伸缩缝的做法如图 2-9 所示。

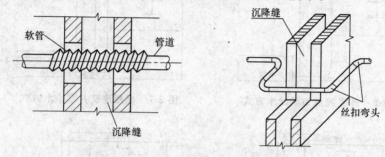

图 2-9　管道穿越沉降缝、伸缩缝的做法示意

　　5)为防止管道腐蚀,管道不得设置在烟道、风道、电梯井和排水沟内,不宜穿越橱窗、壁柜,不得穿过大、小便槽,给水管道立管距大、小便槽端部不得小于 0.5m。

　　6)塑料给水管应远离热源,立管距灶边不得小于 0.4m,与供暖管道、燃气热水器边缘的净距不得小于 0.2m,且不得因热辐射使管外壁温度大于 40℃;塑料给水管道不得与水加热器或热水炉直接连接,应有不小于 0.4m 的金属管段过渡;塑料管与其他管道交叉敷设时,应采取相应的保护措施或用金属套管保护,建筑物内塑料立管穿越楼板和屋面处应为固定支承点;给水管道的伸缩补偿装置应按直线长度、管材的线膨胀系数、环境温度和管内水温的变化、管道节点的允许位移量等因素经计算确定,应尽量利用管道自身的折角补偿温度变形。

　　(4)便于管道的安装与维修。

　　1)布置管道时,其周围应留有一定的空间,在管道井中布置的管道应排列整齐,以满足安装、维修的要求;需进入检修的管道井,其通道宽度不宜小于 0.6m。

　　2)管道井每层应设检修设施,每两层应有横向隔断。

　　3)给水管道与其他管道和建筑结构的最小净距,应满足安装操作需要,且不宜小于 0.3m。

　　(5)管道的布置形式。

1)给水管道的布置按供水可靠程度要求,可按表 2-3 分类。

表 2-3　给水管道的布置按供水可靠程度要求分类

项　目	内　容
枝状	枝状管道单向供水,供水安全可靠性差,但节省管材,造价低,一般底层或多层建筑内给水管网宜采用枝状布置
环状	环状管道互相连通,双向供水,安全可靠,但管线长,造价高,高层建筑、重要建筑宜采用环状布置

2)给水管道的布置按水平干管的敷设位置,可按表 2-4 分类。

表 2-4　按水平干管的敷设位置分类

项　目	内　容
上行下给式	干管设在顶层顶棚下、吊顶内或技术夹层中,由上向下供水的为上行下给式,适用于设置高位水箱的居住与公共建筑和地下管线较多的工业厂房
下行上给式	干管埋地、设在底层或地下室中,由下向上供水的为下行上给式,适用于利用室外给水管网水压直接供水的工业与民用建筑
中分式	水平干管设在中间技术层内或中间某层垫层内,由中间向上、下两个方向供水的为中分式,适用于屋顶用作露天茶座、舞厅或设有中间技术层的高层建筑

五、给水管道的布置方式和要求

1. 给水管道的敷设方式

给水管道的敷设方式见表 2-5。

表 2-5　给水管道的敷设方式

项　目	内　容
明装	明装即管道外露,其优点是安装维修方便,造价低,但外露的管道影响美观,表面易结露、积尘。适用于对卫生、美观没有特殊要求的建筑
暗装	暗装即管道隐蔽,如敷设在管道井、技术层、管沟、墙槽、顶棚或夹壁墙中,或直接埋地或埋在楼板的垫层里。其优点是管道不影响室内的美观、整洁,但施工工艺较为复杂,维修困难,造价高。适用于对卫生、美观要求较高的建筑,如宾馆、高层公寓和要求无尘、洁净的车间、实验室、无菌室等

2. 给水管道的敷设要求

(1)给水横管穿承重墙或基础、立管穿楼板时,均应预留孔洞,暗装管道在墙中敷设时,也应预留墙槽,以避免临时打洞、刨槽影响建筑结构的强度。

(2)引入管进入建筑内的常见做法,如图 2-10 所示。在地下水位高的地区,引入管穿地下室外墙或基础时,应采取防水措施,如设防水管套等。

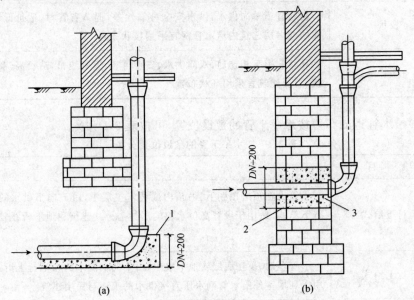

(a)　　　　　　　　　　　　　　　(b)

图 2-10　引入管进建筑的常见做法

(a)从浅基础下通过;(b)穿基础

1—混凝土支座;2—黏土;3—M5 水泥砂浆封口

(3)室外埋地引入管要防止地面活荷载和冰冻的影响,车行道下管顶覆土厚度不宜小于 0.7m,并应敷设在冰冻线以下 0.2m。建筑内埋地管在无活荷载和冰冻影响时,其管顶离地面高度不宜小于 0.3m。当将交联聚乙烯管或聚丁烯管用作埋地管时,应将其设在管套内,其分支处应采用分水器。

(4)给水横管穿过预留洞时,管顶上部净空不得小于建筑物的沉降量,以保护管道不因建筑的沉降而造成损坏,其净空一般不小于 0.10m。

(5)给水横管应敷设在地下室、技术层、吊顶或管沟内,并有坡度为 0.002～0.005 的坡向泄水装置;立管可敷设在管道井内,冷水管应在热水管右侧;给水管道与其他管道同沟或共架敷设时,宜敷设在排水管、冷冻管的上面或热水管、蒸汽管的下面;给水管不宜与输送易燃、可燃或有害液体或气体的管道同沟敷设;通过铁路或地下构筑物下的给水管道,宜敷设在套管内。

(6)在空间敷设管道时,必须采取固定措施,以确保施工方便与安全供水。给水钢质立管一般每层需安装一个管卡,当层高大于 5.0m 时,则每层必须安装两个管卡。

六、给水管道的防护

给水管道的防护见表 2-6。

表 2-6　给水管道的防护

项　　目	内　　容
防腐	（1）金属管道的外壁容易氧化锈蚀，必须采取相应的防护措施，以延长管道的使用寿命。明装、暗装的金属管道外壁均应进行防腐处理，常见的防腐做法是将管道除锈后，在外壁涂刷防腐涂料。 （2）铸铁管及大口径的钢管管内可采用水泥砂浆衬里防腐。 （3）明装焊接钢管和铸铁管外刷防锈漆一道，银粉面漆两道；镀锌钢管外刷银粉面漆两道；暗装和埋地管道刷沥青漆两道。 （4）管道外壁所做的防腐层数，应根据防腐要求确定。当给水管道及配件设在含有腐蚀性气体的房间内时，应采用耐腐蚀管材或在管道外壁采取防腐措施
防冻、防结露	（1）当管道及其配件设置在温度低于 0℃ 的环境时，为保证使用安全，应采取保温措施。 （2）在湿热的气候条件下，或在空气湿度较高的房间内，给水管道内的水温较低，空气中的水分会凝结成水附着在管道表面，严重时会产生滴水。管道结露现象将加速管道的腐蚀，影响建筑物的使用，影响墙体质量和建筑美观，还可能会造成地面少量积水或影响地面上的某些设备、设施的使用等，因此，在此种场所时应采取相应的防露措施
防漏	（1）如果管道布置不当，或者是管材质量和敷设施工质量低劣，均有可能导致管道漏水，不仅浪费水、影响正常供水，严重时还会损坏建筑，特别是湿陷性黄土地区，埋地管漏水将会造成土层湿陷，影响建筑基础的稳定。 （2）防漏的办法有： 1）避免将管道布置在易受外力损坏的位置，或采取必要且有效的保护措施，避免其直接承受外力的作用； 2）建立健全的管理制度，加强管材质量和施工质量的检查监督； 3）在湿陷性黄土地区，可将埋地管道设在防水性能良好的检漏管沟内，若发生漏水，水可沿沟管排至检漏井内，便于及时发现和检修（管径较小的管道，也可敷设在检漏套管内）
防振	（1）当管道中水流速度过大，关闭水嘴、阀门时，易出现水击现象，会引起管道、附件的振动，不仅会损坏管道，造成附件漏水，还会产生噪声。 （2）为防止管道损坏和噪声污染，在设计时应控制管道的水流速度，尽量减少使用电磁阀或速闭型阀门、水嘴；住宅建筑进户支管阀门后，装设一个家用可曲挠橡胶接头进行隔振，并可在管道支架、吊架内衬垫减振材料，以减小噪声的扩散

第二节　建筑消火栓给水系统

一、室内消火栓给水系统

建筑内部消火栓给水系统是把室外给水系统提供的水量输送到用于扑灭建筑内火灾而设置的灭火设施,是建筑物中最基本的灭火设施。

1. 室内消火栓给水系统类型

按压力和流量是否满足系统要求,室内消火栓给水系统的类型见表 2-7。

表 2-7　室内消火栓给水系统

项　　目	内　　容
常高压消火栓 给水系统	水压和流量任何时间和地点都能满足灭火时所需要的压力和流量,系统中不需要设消防泵的消防给水系统
临时高压消火栓 给水系统	水压和流量平时不完全满足灭火时的需要,在灭火时启动消防泵。当用稳压泵稳压时,可满足压力,但不满足水量;当用屋顶消防水箱稳压时,建筑物的下部可满足压力和流量,建筑物的上部不满足压力和流量
低压消火栓 给水系统	低压给水系统,管道的压力应保证灭火时最不利点消火栓的水压不小于 0.10MPa(从地面算起),满足或部分满足消防水压和水量要求,消防时可由消防车或消防水泵提升压力,或作为消防水池的水源水,由消防水泵提升压力

2. 室内消火栓给水系统的组成

建筑内部消火栓给水系统一般由水枪、水带、室内消火栓、消防水池、消防管道、水源等组成,必要时还需设置水泵、水箱和水泵接合器等,如图 2-11 所示。

(1)水枪。水枪一般采用直流式,喷嘴口径有 13mm、16mm、19mm 三种。喷嘴口径 13mm 的水枪配口径为 $DN50$ 的水带;喷嘴口径为 16mm 的水枪可配口径为 $DN50$ 和 $DN65$ 的水带,用于低层建筑内;喷嘴口径为 19mm 的水枪配口径为 $DN65$ 的水带,用于高层建筑中。

(2)水带。水带可分为麻质水带、帆布水带和衬胶水带;口径有 $DN50$ 和 $DN65$ 两种;长度有 15m、20m、25m 三种。

(3)室内消火栓。设置在建筑物内消防管网上的室内消火栓内扣式球形阀式接口,用于向火场供水。室内消火栓有单阀和双阀之分,单阀消火栓又分为单出口和双出口,双阀消火栓为双出口。栓口直径有 $DN50$ 和 $DN65$ 两种:$DN50$ 用于流量为 2.5~5.0L/s 的水枪;$DN65$ 用于最小流量为 5.0L/s 的水枪。

(4)水泵接合器。除从水源处通过固定管道向室内消防给水系统供应消防用水以外,当火灾发生,室内消防用水量不足或消防水泵发生故障时,为取得外援,可由消防车供水,此时应提供成套外援消防水的入口设备,即水泵接合器。水泵接合器一端与室内消防给水管道连接,另一端可供消防车加压向室内管网供水。水泵接合器的类型如图 2-12 所示。

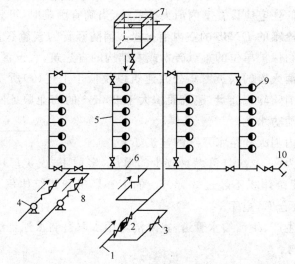

图 2-11　水泵-水箱消防供水方式

1—引入管;2—水表;3—旁通管及阀门;4—消防水泵;

5—竖管;6—干管;7—水箱;8—止回阀;9—消火栓设备;10—水泵接合器

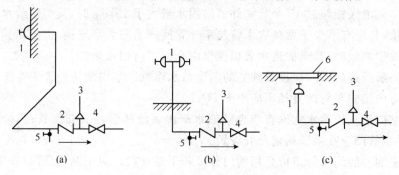

图 2-12　水泵接合器的类型

(a)墙壁式;(b)地上式;(c)地下式

1—消防接口;2—止回阀;3—安全阀;4—阀门;5—放水阀;6—井盖

3. 室内消火栓给水系统设置原则及布置要求

(1)室内消火栓给水系统的设置原则。

1)下列建筑应设置 DN65 室内消火栓:

①建筑占地面积大于 300m² 的厂房(仓库);

②体积大于 5 000m³ 的车站、码头、机场的候车(船、机)楼、展览建筑、商店、旅馆建筑、病房楼、门诊楼、图书馆建筑等;

③特等、甲等剧场,超过 800 个座位的其他等级的剧场和电影院等,超过 1 200

个座位的礼堂、体育馆等；

④超过 5 层或体积大于 10 000m³ 的办公楼、教学楼、非住宅类居住建筑等其他民用建筑；

⑤超过 7 层的住宅应设置室内消火栓系统，当确有困难时，可只设置干式消防竖管和不带消火栓箱的 DN65 的室内消火栓。消防竖管的直径不应小于 DN65。

2)国家级文物保护单位的重点砖木或木结构的古建筑，宜设置室内消火栓。

3)设置室内消火栓的人员密集公共建筑以及低于上述(1)所规定规模的其他公共建筑宜设置消防软管卷盘；建筑面积大于 200m² 的商业服务网点应设置消防软管卷盘或轻便消防水龙。

4)可不设室内消火栓给水系统的建筑如下：

①耐火等级为一、二级且可燃物较少的单层，多层丁、戊类厂房，库房；耐火等级为三、四级且建筑体积不超过 3 000m³ 的丁类厂房和建筑体积不超过 5 000m³ 的戊类厂房，粮食仓库，金库。

②室内没有生产、生活给水管道，室外消防用水取自储水池且建筑体积不超过 5 000m³ 的建筑物。

③存有与水接触可引起燃烧爆炸物品的建筑物。

(2)室内消火栓给水系统的布置要求。

1)室内消防给水管道的设置。

①室内消火栓超过 10 个且室外消防用水量大于 15L/s 时，其消防给水管道应连成环状，且应有不少于两条进水管与室外管网或消防水泵连接，以便当其中一条进水管发生事故时，其余的进水管仍能供应全部消防用水量。

②高层厂房(仓库)应设置独立的消防给水系统。室内消防竖管应连成环状。

③室内消防竖管的直径不应小于 DN100。

④室内消火栓给水管网宜与自动喷水灭火系统的管网分开设置；当合用消防泵时，供水管路应在报警阀前分开设置。

⑤室内消防给水管道应采用阀门分成若干独立段。对于单层厂房(仓库)和公共建筑，检修停止使用的消火栓不应超过 5 个。对于多层民用建筑和其他厂房(仓库)，室内消防给水管道上阀门的布置应保证检修管道时关闭的竖管不超过 1 根，但设置的竖管超过 3 根时，可关闭 2 根。阀门应保持常开，并应有明显的启闭标志或信号。

⑥消防用水与其他用水合用的室内管道，当其他用水达到最大流量时，应仍能保证供应全部消防用水量。

⑦允许直接吸水的市政给水管网，当生产、生活用水量达到最大且仍能满足室内外消防用水量时，消防泵宜直接从市政给水管网吸水。

⑧严寒和寒冷地区非采暖的厂房(仓库)及其他建筑的室内消火栓系统，可采用干式系统，但应在进水管上设置快速启闭装置，且管道最高处应设置自动排

气阀。

2)室内消火栓的设置。

①除无可燃物的设备层外,设置室内消火栓的建筑物,其各层均应设置消火栓。单元式、塔式住宅的消火栓宜设置在楼梯间的首层和各楼层休息平台上。当设两根消防竖管确有困难时,可设一根消防竖管,但必须采用双口双阀型消火栓;干式消火栓竖管应在首层靠出口部位设置,以便消防车供水的快速接口和止回阀设置。

②消防电梯间前室内应设置消火栓。

③室内消火栓应设置在楼梯间、走道等明显和易于取用处及便于火灾扑救的地点;住宅和整体设有自动喷水灭火系统的建筑物,室内消火栓应设在楼梯间或楼梯间休息平台处;多功能厅等大空间的室内消火栓应设置在疏散门等便于取用和火灾扑救的位置;在楼梯间或其附近的消火栓位置不宜变动。

④冷库内的消火栓应设置在常温穿堂或楼梯间内。

⑤同一建筑物内应采用统一规格的消火栓、水枪和水带。每条水带的长度不应大于 25.0m。

⑥高层厂房(仓库)和高位消防水箱静压不能满足最不利点消火栓水压要求的其他建筑,应在每个室内消火栓处设置直接启动消防水泵的按钮,并应有保护设施。

⑦室内消火栓栓口处的出水压力大于 0.5MPa 时,水枪的后坐力使得消火栓难以操作,故需进行减压措施,减压采用减压稳压消火栓和减压孔板两种方式,减压稳压消火栓可减动压和静压,减压孔板只可减动压。

⑧当给水管网出现短时超压导致系统不安全时,系统内则应设置泄压装置,泄压阀的设置应按规定执行。

⑨设有室内消火栓的建筑,如为平屋顶时,宜在平屋顶上设置试验和检查用的消火栓。

3)消防水箱的设置。

①重力自流的消防水箱应设置在建筑的最高部位,一般设在水箱间,应通风良好并防冻,和墙壁之间应有合适间距,便于安装及维修。

②消防水箱应储存 10min 的消防用水量。当室内消防用水量不大于 25L/s,经计算消防水箱所需消防储水量大于 12m³ 时,仍可采用 12m³;当室内消防用水量大于 25L/s,经计算消防水箱所需消防储水量大于 18m³ 时,仍可采用 18m³。

③进水管管径不小于 50mm,同时应满足 8h 充水要求,进水管设置液位控制阀。进水管进水高度应高于溢流管位置,若为淹没出流,则应采取防倒流措施。

④出水管应满足设计流量要求且管径不应小于 100mm,出水管应设止回阀防止消防加压水进入水箱;止回阀的阻力不应影响水箱出水的最低压力要求,出水管口应高于水箱底板 50～100mm。

⑤溢流管和放空管应间接排水。

⑥水箱所有与外界相通的孔洞及管道均须设有防虫设施。

⑦不推荐消防高位水箱与其他用水合用;若合用,则水箱应采取消防用水不作他用的技术措施。

⑧发生火灾后,由消防水泵供给的消防用水不应进入消防水箱。

⑨消防水箱可分区设置。

4)消防水泵的设置。

①独立建造的消防水泵房,其耐火等级不应低于二级。附设在建筑中的消防水泵房应按规范的规定与其他部位隔开。消防水泵房设置在首层时,其疏散门宜直通室外;设置在地下层或楼层上时,其疏散门应靠近安全出口。消防水泵房的门应采用甲级防火门。

②消防水泵房应有不少于两条出水管直接与消防给水管网连接,当其中一条出水管关闭时,其余的出水管应仍能通过全部用水量。

③一组消防水泵的吸水管不应少于两条。当其中一条关闭时,其余的吸水管应仍能通过全部用水量;消防水泵应采用自灌式吸水,并应在吸水管上设置检修阀门。

④临时高压消防给水系统的消防泵应一用一备;当消防流量大于 40L/s 时二用一备,备用泵的能力不应小于消防泵中最大一台的能力。当工厂、仓库、堆场和储罐的室外消防用水量不大于 25L/s 或建筑物的室内消防用水量不大于 10L/s 时,可不设置备用泵。当采用多用一备时,应考虑多台消防泵并联时因扬程不同、流量叠加而引起的对消防泵出口压力的影响。

⑤消防水泵应保证在接到火警后 30s 内启动。消防水泵与动力机械应直接连接。

5)水泵接合器的设置。

①室内消火栓给水系统和自动喷水灭火系统应设水泵接合器。

②高层厂房(仓库)、设置室内消火栓且层数超过四层的厂房(仓库)、设置室内消火栓且层数超过五层的公共建筑,其室内消火栓给水系统应设置消防水泵接合器。

③水泵接合器的数量应按室内消防用水量经计算确定。每个水泵接合器的流量应按 10~15L/s 计算。

④消防给水为竖向分区供水时,在消防车供水压力范围内的分区,应分别设置水泵接合器。

⑤水泵接合器应设在室外便于消防车使用的地点,距室外消火栓或消防水池的距离宜为 15~40m。

⑥水泵接合器宜采用地上式;当采用地下式水泵接合器时,应有明显标志。

二、室外消火栓给水系统

1. 室外消火栓给水系统的组成

(1)室外消防水源。

1)市政给水管网。为了方便维护管理和节约投资,城市中通常将生活、生产和消防给水管道合并使用,称为市政给水管网。当市政给水管网能满足消防用水的水量与水压,且由两路不同市政给水干管供水时,可直接采用市政给水管网作为消防水源;当市政给水管网能满足消防用水的水量,但不满足水压,且由两条方向不同的城市给水干管供水时,可征求当地自来水有关部门的同意,采用消防泵直接从给水管网中抽取。

2)天然水源。建筑物紧靠天然水源具有可靠的取水措施时,可采用天然水源作为消防用水水源。天然水源一般是指海洋、河流、湖泊等自然形成的水体,在利用天然水源作为消防用水时,其保证几率不应小于 97%,同时应考虑枯水期和气候对保证率的影响,应收集相关的水文及气象资料。同时,也应考虑水源水质(如浊度、污染状况)对消防的影响。

3)消防水池。储有消防用水的水池,统称为消防水池。

(2)室外消防给水管道类型见表 2-8。

表 2-8　室外消防给水管道类型

项　目	内　容
低压给水管网	(1)管网内平时水压较低,火场中水枪的压力是通过消防车或其他移动消防泵加压形成的。 (2)消防车从低压给水管网消火栓内取水方式有两种: 1)直接用吸水管从消火栓上吸水; 2)用水带接上消火栓往消防车水罐内放水。为满足消防车吸水的需要,低压给水管网最不利点处消火栓的压力不应小于 0.1MPa
高压给水管网	管网内经常保持足够的压力,火场中水枪不需使用消防车或其他移动式水泵加压,而直接由消火栓接出水带、水枪灭火。在可以利用地势设置高位水池或设置集中高压水泵房时,可采用高压给水管网。当建筑物高度不大于 24m 时,室外高压给水管道的压力应保证生产、生活、消防用水量达到最大,且水枪布置在保护范围内任何建筑物的最高处时,水枪的充实水柱不小于 10m。为保障消防供水安全,火场应设有两条高压消防供水干管
临时高压给水管网	在临时高压给水管道内,平时水压不高,当接到火警后,高压消防水泵启动加压,使管网内的压力达到高压给水管道的压力要求

当城镇、居住区或企事业单位内有高层建筑时,采用室外高压或临时高压消防给水系统难以实现,因此常采用区域(数幢或十几幢建筑物)合用泵房加压的临时高压给水系统,以确保各幢建筑物的室内消火栓(室内其他消防设备)的水压和水量要求,或独立加压(即每幢建筑物设加压泵房)确保一幢建筑物的室内消火栓(室内其他消防设备)的水压和水量要求。为确保供水安全,应将高压或临时高压给水管道与生产、生活给水管道分开,设置独立的消防给水管道。

(3)室外消火栓。

室外消火栓是设置在室外消防给水管网上的供水设施,主要供消防车从市政给水管网或室外消防给水管网取水,进行灭火;也可以直接连接水带、水枪出水灭火,是扑救火灾的重要消防设施之一。

室外消火栓分为地上式与地下式两种。室外地上式消火栓应有一个直径为150mm或100mm和两个直径为65mm的栓口;室外地下式消火栓应有直径为100mm和直径为65mm的栓口各一个。

2. 室外消火栓给水系统的布置要求

(1)室外消火栓给水系统的布置要求。

1)室外消防给水管网应布置成环状,以增加供水的可靠性;当室外消防用水量不大于15L/s时,可布置成枝状。

2)向环状管网输水的进水管不应少于两条,以防其中一条发生故障时,其余的进水管能满足消防用水总量的供给要求。

3)环状管道应采用阀门分成若干独立段,每段室外消火栓的数量不宜超过五个,阀门应设在管道的三通、四通处,并应设在下游侧。

4)室外消防给水管道的设计流速不宜大于2.5m/s,管径不应小于DN100。

5)室外消防给水管道设置的其他要求应符合现行国家标准的有关规定。

(2)室外消火栓的布置要求。

1)室外消火栓应沿道路设置,当道路宽度大于60.0m时,宜在道路两边设置消火栓,并宜靠近十字路口。

2)甲类、乙类、丙类液体储罐区和液化石油气储罐区的消火栓,应设置在防火堤或防护墙外。距罐壁15m范围内的消火栓,不应计算在该罐可使用的数量内。

3)室外消火栓的间距不应大于120.0m。

4)室外消火栓的保护半径不应大于150.0m;在市政消火栓保护半径150.0m以内,当室外消防用水量不大于15L/s时,可不设置室外消火栓。

5)室外消火栓的数量应按其保护半径和室外消防用水量等综合计算确定,每个室外消火栓的用水量应按10～15L/s计算;与保护对象的距离在5～40m范围内的市政消火栓,可计入室外消火栓的数量内。

6)消火栓距路边不应大于2.0m,距房屋外墙不宜小于5.0m。

7)工艺装置区内的消火栓应设置在工艺装置的周围,其间距不宜大于60.0m。

当工艺装置区宽度大于120.0m时,宜在该装置区内的道路边设置消火栓。

第三节　自动喷水灭火系统

一、自动喷水灭火系统的分类

自动喷水灭火系统是一种固定形式的自动灭火装置。系统的喷头以适当的间距和高度安装于建筑物、构筑物内部。当建筑物内发生火灾时,喷头会自动开启灭火,同时发出火警信号,启动消防水泵从水源抽水灭火。

自动喷水灭火系统的分类见表2-9。

表2-9　自动喷水灭火系统的分类

项　目	内　容
按喷头的开启形式	闭式系统
	开式系统
按报警阀的形式	湿式系统
	干式系统
	干湿两用系统
	预作用系统
	雨淋系统
按对保护对象的功能	暴露防护型(水幕或冷却等)
	控制灭火型
按喷头形式	传统型(普通型)喷头
	洒水型喷头
	大水滴型喷头
	快速响应早期抑制型喷头

二、自动喷水灭火系统的工作原理

1. 闭式自动喷水灭火系统

闭式自动喷水灭火系统,是指在自动喷水灭火系统中采用闭式喷头,平时系统为封闭系统,火灾发生时喷头打开,使得系统为敞开式系统喷水。

闭式自动喷水灭火系统主要可分为湿式系统,干式系统,干、湿式交替自动喷水灭火系统和预作用系统。

(1)湿式自动喷水灭火系统的工作原理。湿式自动喷水灭火系统为喷头常闭的灭火系统,如图2-13所示,平时管网中充满有压水,当建筑物发生火灾时,火点温度达到开启闭式喷头的温度时,喷头即出水、灭火。

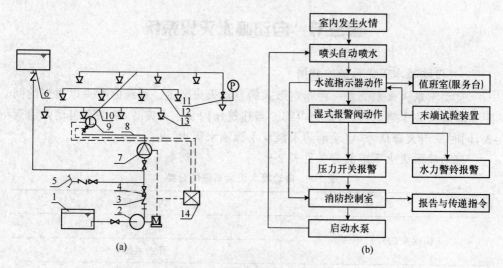

图 2-13 湿式自动喷水灭火系统

(a)系统图;(b)工作原理流程图

1—水池;2—水泵;3—止回阀;4—闸阀;5—水泵接合器;6—消防水箱;7—湿式报警阀组;8—配水干管;
9—水流指示器;10—配水管;11—末端试水装置;12—配水支管;13—闭式洒水喷头;14—报警控制器;
P—压力表;M—驱动电机;L—水流指示器

  管网中有压水流动,水流指示器被感应送出电信号,在报警控制器上发出指示时,某一区域已在喷水。持续喷水造成报警阀的上部水压低于下部水压,其压力差值达到一定值时,处于关闭状态的报警阀就会自动开启。同时,消防水通过湿式报警阀,流向自动喷洒管网供水灭火;另一部分水进入延迟器、压力开关及水力警铃,水力警铃就会发出火警信号。根据水流指示器和压力开关的信号或消防水箱的水位信号,控制箱内控制器能自动开启消防泵,以达到持续供水的目的。

  湿式自动喷水灭火系统具有灭火及时、扑救效率高的优点,但由于管网中充有有压水,当渗漏时会损坏建筑装饰和影响建筑的使用,适用于环境温度 $4℃ \leqslant t \leqslant 70℃$ 的建筑物。

  (2)干式自动喷水灭火系统的工作原理。干式自动喷水灭火系统为喷头常闭的灭火系统,管网中平时不充水,充有有压空气(或氮气),如图 2-14 所示。当建筑物发生火灾点温度达到开启闭式喷头的温度时,喷头开启、排气、充水、灭火。

  干式自动喷水灭火系统在灭火时,需先排除管网中的空气,故喷头出水不如湿式系统及时,但管网中平时不充水,对建筑装饰无影响,对环境温度也无要求,适用于采暖期长而建筑物内无采暖的场所。为减少排气时间,一般要求管网的容积不大于 3 000L。

（3）干、湿式交替自动喷水灭火系统的工作原理。在环境温度满足湿式自动喷水灭火系统适用条件（4℃≤t≤70℃）时，报警阀后的管段充以有压水，系统形成湿式自动喷水灭火系统；当环境温度不满足湿式自动喷水灭火系统适用条件（4℃≤t≤70℃）时，报警阀后的管段充以有压空气（或氮气），系统形成干式自动喷水灭火系统。干、湿式交替自动喷水灭火系统适用于环境温度周期变化较大的地区。

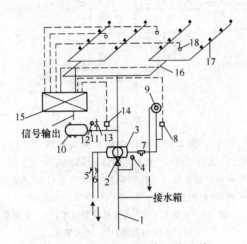

图 2-14　干式自动喷水灭火系统

1—供水管；2—闸阀；3—干式阀；4—压力表；5、6—截止阀；7—过滤器；8—压力开关；
9—水力警铃；10—空压机；11—止回阀；12—压力表；13—安全阀；14—压力开关；
15—火灾报警控制箱；16—水流指示器；17—闭式喷头；18—火灾探测器

（4）预作用喷水灭火系统的工作原理。预作用喷水灭火系统为喷头常闭的灭火系统，管网中平时不充水（无压），如图 2-15 所示。发生火灾时，火灾探测器报警后，自动控制系统控制阀门排气、充水，由干式喷水系统转变为湿式系统。预作用喷水灭火系统只有当火灾点温度达到开启闭式喷头的温度时，方可开始喷水灭火。预作用喷水灭火系统弥补了上述干式和湿式两种系统的缺点，适用于对建筑装饰要求高的建筑物，且灭火及时。

2. 开式自动喷水灭火系统

开式自动喷水灭火系统，是指在自动喷水灭火系统中采用开式喷头，系统平时为敞开状态，报警阀处于关闭状态，管网中无水；当火灾发生时报警阀开启，管网充水，喷头喷水灭火。开式自动喷水灭火系统分为三种形式，即：雨淋自动喷水灭火系统、水幕自动喷水灭火系统、水喷雾自动喷水灭火系统。

（1）雨淋自动喷水灭火系统的工作原理。雨淋自动喷水灭火系统为喷头常开的灭火系统。当建筑物发生火灾时，由自动控制装置打开集中控制阀门，使整个保护区域所有喷头喷水灭火，如图 2-16 所示。

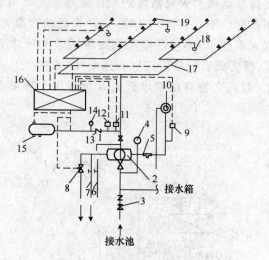

图 2-15 预作用喷水灭火系统

1—总控制阀；2—预作用阀；3—检修闸阀；4—压力表；5—过滤器；6—截止阀；
7—手动开启截止阀；8—电磁阀；9—压力开关；10—水力警铃；
11—压力开关(启闭空压机)；12—低气压报警压力开关；13—止回阀；
14—压力表；15—空压机；16—火灾报警控制箱；17—水流指示器；
18—火灾探测器；19—闭式喷头

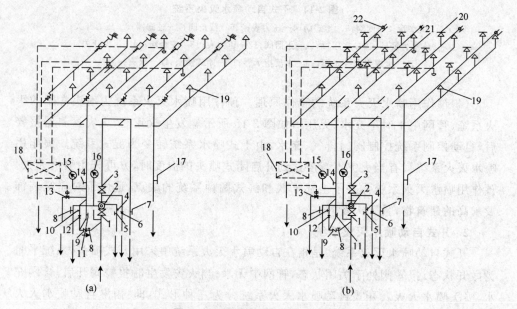

图 2-16 雨淋自动喷水灭火系统

(a)易熔合金锁封控制雨淋系统；(b)感温喷头控制雨淋系统

1,3,6—闸阀；2—雨淋阀；4,5,7,8,10,11,14—截止阀；9—止回阀；12—带 $\phi 3$ 小孔闸阀；13—电磁阀；
15,16—压力表；17—手动旋塞；18—火灾报警控制箱；19—开式喷头；20—闭式喷头；21,22—火灾探测器

雨淋自动喷水灭火系统具有出水量大，灭火及时的优点，适用于火灾蔓延快、危险性大的建筑或部位。平时雨淋阀后的管网无水，雨淋阀在传动系统中的水压作用下关闭；当火灾发生时，火灾探测器感受到火灾因素后，便立即向控制器送出火灾信号，控制器将信号作声光显示并相应地输出控制信号，打开传动管网上的传动阀门，自动释放传动管网中有压水，使雨淋阀上的传动水压骤然降低，雨淋阀启动，消防水便立即充满管网经过开式喷头同时喷水。

（2）水幕自动喷水灭火系统的工作原理。水幕自动喷水灭火系统工作原理与雨淋系统不同的是，雨淋系统中使用开式喷头，将水喷洒成椎体状扩散射流；而水幕系统中使用开式水幕喷头，将水喷洒成水帘幕状。

水幕自动喷水灭火系统不能直接用以扑灭火灾，而是与防火卷帘、防火幕配合使用，进行冷却，阻止火势扩大和蔓延；也可用来保护建筑物的门、窗、洞口或在大空间造成防火水帘起防火分隔作用，如图 2-17 所示。

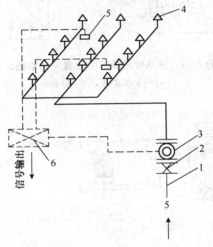

图 2-17 水幕系统示意

1—供水管；2—总闸阀；3—控制阀；4—水幕喷头；5—火灾探测器；6—火灾报警控制器

（3）水喷雾自动喷水灭火系统的工作原理。水喷雾自动喷水灭火系统用喷雾喷头，是把水粉碎成细小的水雾滴后喷射到正在燃烧的物体表面，通过表面冷却、窒息以及乳化的同时作用实现灭火。由于水喷雾具有多种灭火机理，使其具有适用范围广的优点，不仅可扑灭固体火灾，还由于水喷雾具有不会造成液体火飞溅、电气绝缘性好的特点，在扑灭可燃液体火灾、电气火灾中得到广泛的应用，如石油加工场所等。保护变压器的水喷雾灭火系统布置示意图，如图 2-18 所示。

三、自动喷水灭火系统的主要组件

1. 闭式自动喷水灭火系统的主要组件

（1）喷头。

闭式喷头的喷口用热敏元件组成的释放机构封闭，当达到一定温度时能自动开启，如玻璃球爆炸、易熔合金脱离。其构造按溅水盘的形式和安装位置有直立型、下垂型、边墙型、吊顶型、普通型和干式下垂型喷头之分,如图 2-19 所示。各种喷头的适用场所,见表 2-10。各种喷头的技术性能和色标,见表 2-11。

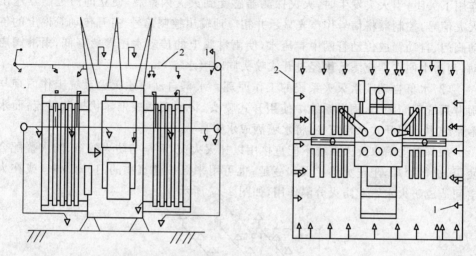

图 2-18 保护变压器的水喷雾灭火系统示意

1—水喷雾喷头;2—管路

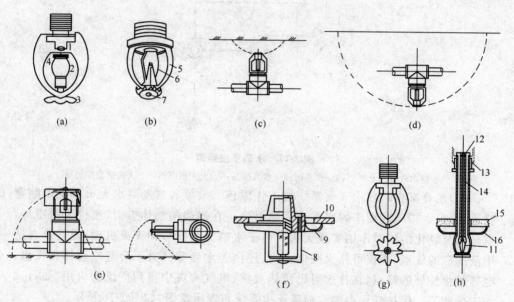

图 2-19 闭式喷头构造示意

(a)玻璃球洒水喷头;(b)易熔合金洒水喷头;(c)直立型;(d)下垂型;(e)边墙型(立式、水平式);

(f)吊顶型;(g)普通型;(h)干式下垂型

1,5,8—支架;2—玻璃球;3,7—溅水盘;4—喷水口;6—合金锁片;9—装饰罩;10,15—吊顶;

11—热敏元件;12—铜球;13—铜球密封圈;14—套筒;16—装饰

表 2-10　各种喷头的适用场所

喷头类别		适用场所
闭式喷头	玻璃球洒水喷头	因其有外形美观、体积小、质量小、耐腐蚀等特点,适用于宾馆等美观要求高和具有腐蚀性场所
	易熔合金洒水喷头	适用于外观要求不高,腐蚀性不大的工厂、仓库和民用建筑
	直立型洒水喷头	适用安装在管路下面经常有移动物体的场所和尘埃较多的场所
	下垂型洒水喷头	适用于各种保护场所
	边墙型洒水喷头	安装空间狭窄,通道状建筑适用此种喷头
	吊顶型洒水喷头	属装饰型喷头,可安装于旅馆、客厅、餐厅、办公室等建筑
	普通型洒水喷头	可直立、下垂安装,适用于有可燃吊顶的房间
	干式下垂型洒水喷头	可用于干式喷水灭火系统的下垂型喷头
特殊喷头	自动启闭洒水喷头	这种喷头具有自动启闭功能,凡需降低水渍损失的场所均适用
	快速反应洒水喷头	这种喷头具有短时启动效果,凡要求启动时间短的场所均适用
	大水滴洒水喷头	适用于高架库房等火灾危险等级高的场所
	扩大覆盖面洒水喷头	喷水保护面积可达 30~36m² ,可降低系统造价

表 2-11　各种喷头的技术性能参数

喷头类别	喷头公称口径 /mm	动作温度/℃ 和颜色	
		玻璃球喷头	易熔元件喷头
闭式喷头	10、15、20	57-橙、68-红、79-黄、93-绿、141-蓝、182-紫红、227-黑、260-黑、343-黑	57~77-本色 80~107-白 121~149-蓝 163~191-红 204~246-绿 260~302-橙 320~343-黑
开式喷头	10、15、20	—	—
水幕喷头	6、8、10、12、7、16、19		

选择喷头时应严格按照环境温度来选用喷头温度,为正确有效地使喷头发挥喷水作用,在不同环境温度场所内设置喷头时,喷头的公称动作温度要比环境温度高 30℃左右。

(2)报警阀。

报警阀的作用是开启和关闭管网的水流,传递控制信号至控制系统并启动水力警铃直接报警。

1)报警阀又分为湿式报警阀、干式报警阀、干湿式报警阀三种,见表 2-12。

表 2-12　报警阀

项　　目	内　　容
湿式报警阀	主要用于湿式自动喷水灭火系统上,在其立管上安装。其工作原理:湿式报警阀平时阀芯前后水压相等(水通过导向管中的水压平衡小孔,保持阀板前后水压平衡)。由于阀芯的自重和阀芯前后所受水的总压力不同,阀芯处于关闭状态(阀芯上面的总压力大于阀芯下面的总压力)。发生火灾时,闭式喷头喷水,由于水压平衡小孔来不及补水,报警阀上面水压下降,此时阀下水压大于阀上水压,因此阀板开启,向立管及管网供水,同时发出火警信号并启动消防泵
干式报警阀	主要用于干式自动喷水灭火系统上,在其立管上安装。其工作原理与湿式报警阀基本相同。其不同之处在于湿式报警阀阀板上面的总压力为管网中的有压水的压强引起,而干式报警阀则由阀前水压和阀后管中的有压气体的压强引起。因此,干式报警阀的阀板上面受压面积要比阀板下面积大 8 倍
干湿式报警阀	(1)用于干、湿交替式喷水灭火系统,既适合湿式喷水灭火系统,又适合干式喷水灭火系统的双重作用阀门,由湿式报警阀与干式报警阀依次连接而成。在温暖季节用湿式装置,在寒冷季节则用干式装置。 (2)当装置转为湿式喷水灭火系统时,差动阀板从干式报警阀中取出,全部闭式喷水管网、干式和湿式报警阀中均充满水。当闭式喷头开启时,喷水管网中的压力下降,湿式报警阀的盘形板升起,水经喷水管网由喷头喷出,同时水流经过环形槽、截止阀和管道进入信号设施。 (3)报警阀当装置转为干式喷水灭火系统时,干式报警阀的上室和闭式喷水管网充满压缩空气,干式报警阀的下室和湿式报警阀充满水,当闭式喷头开启时,压缩空气从喷水管网中喷出,使管网中的压力下降,当气压降到供水压力的 1/8 以下时,作用在阀板上的平衡力受到破坏,阀板被举起,水进入喷水管网,为便于操作,距地面的高度宜为 1.2m,报警阀地面应有排水措施

2)水流报警装置。

①水力警铃主要用于湿式自动喷水灭火系统,宜装在报警阀附近(其连接管不宜超过6m)。当报警阀打开消防水源后,具有一定压力的水流冲动叶轮打铃报警。水力警铃不得由电动报警装置取代。

②水流指示器用于湿式自动喷水灭火系统中。通常安装在各楼层配水干管或支管上,其功能是当喷头开启喷水时,水流指示器中桨片摆动而接通电信号送至报警控制器报警,并指示火灾楼层。

③压力开关垂直安装于延迟器和报警阀之间的管道上。在水力警铃报警的同时,依靠警铃管内水压的升高自动接通电触点,完成电动警铃报警,向消防控制室传送电信号或启动消防水泵。

(3)延迟器。

延迟器是一个罐式容器,安装于报警阀与水力警铃(或压力开关)之间。用于防止由于水压波动引起报警阀开启而导致的误报。报警阀开启后,水流需经30s左右充满延迟器后方可冲打水力警铃。

(4)火灾探测器。

火灾探测器是自动喷水灭火系统的重要组成部分,常用的有感烟、感温探测器。感烟探测器是利用火灾发生地点的烟雾浓度进行探测,感温探测器是通过火灾引起的温度升高进行探测。火灾探测器布置在房间或走道的顶棚下面,其数量应根据探测器的保护面积和探测区的面积计算确定。

(5)末端检试装置。

末端检试装置是指在自动喷水灭火系统中,每个水流指示器作用范围内供水量不利处,设置一检验水压、检测水流指示器以及报警阀和自动喷水灭火系统的消防水泵联动装置可靠性检测装置。末端检试装置由控制阀、压力表以及排水管组成,排水管可单独设置,也可利用雨水管,但必须间接排除。

2. 开式自动喷水灭火系统的主要组件

(1)雨淋自动喷水灭火系统。

雨淋自动喷水灭火系统由开式喷头、管道系统、雨淋阀、火灾探测器、报警控制装置、控制组件和供水设备组成。

(2)水幕自动喷水灭火系统。

水幕自动喷水灭火系统是由水幕喷水头、控制阀(雨淋阀或干式报警阀等)、探测器、报警系统和管道等组成阻火、冷却、隔离作用的自动喷水灭火系统。水幕自动喷水灭火系统适用于需防火隔离的开口部位,如舞台与观众之间的隔离水帘、消防防火卷帘的冷却等。

(3)水喷雾自动喷水灭火系统。

1)水雾喷头。水雾喷头的类型及适用范围,参见表2-10的相关内容。

2)雨淋阀。雨淋阀的设置与雨淋自动喷水灭火系统一致。

四、自动喷水灭火系统的设置规定

1. 闭式自动喷水灭火系统的设置规定

(1)自动喷水灭火系统应设有洒水喷头、水流指示器、报警阀组、压力开关、末端试水装置、管道和供水设施;控制管道静压的区段宜分区供水或设减压阀,控制管道动压的区段宜设减压孔板或节流管;系统应设有泄水阀(或泄水口)、排气阀(或排气口)和排污口;干式系统和预作用系统的配水管道应设快速排气阀,有压充气管道的快速排气阀入口前应设电动阀。

(2)配水管道应采用内外壁热镀锌钢管,当报警阀入口前管道采用内壁不防腐的钢管时,应在该段管道的末端设过滤器。过滤器后的管道,应采用内外镀锌钢管,且宜采用丝扣连接。水平安装的管道宜有坡度,并应坡向泄水阀。充水管道的坡度不宜小于 2‰,在准工作状态下不充水管道的坡度不宜小于 4‰。

(3)净空高度大于 800mm 的闷顶和技术夹层内有可燃物时,应设置喷头。当局部场所设置自动喷水灭火系统时,与相邻不设自动喷水灭火系统场所连通的走道或连通开口的外侧,应设喷头。装设通透性吊顶的场所,喷头应布置在顶板下。顶板或吊顶为斜面时,喷头应垂直于斜面,并应按斜面距离确定喷头间距。尖屋顶的屋脊处应设一排喷头,喷头溅水盘至屋脊的垂直距离,当屋顶坡度大于 1/3 时,不应大于 0.8m;当屋顶坡度小于 1/3 时,不应大于 0.6m。

(4)直立型、下垂型喷头的布置,同一根配水支管上喷头的间距及相邻配水支管的间距,应根据系统的喷水强度、喷头的流量系数和工作压力确定,并不应大于表 2-13 的规定,且不宜小于 2.4m。

表 2-13　同一根配水管支管上喷头或相邻配水管支管的最大间距

喷水强度 /[L/(min·m²)]	正方形布置的边长 /m	矩形或平行四边形布置的长边边长/m	一只喷头的最大保护面积/m²
4	4.4	4.5	20.0
6	3.6	4.0	12.5
8	3.4	3.6	11.5
12~20	3.0	3.6	9.0

(5)除吊顶型喷头及吊顶下安装的喷头外,直立型、下垂型标准喷头的溅水盘与顶板的距离不应小于 75mm,且不应大于 150mm。快速响应早期抑制喷头的溅水盘与顶板的距离见表 2-14。

表 2-14　快速响应早期抑制喷头的溅水盘与顶板的距离　　　　(mm)

喷头安装方式	直立型		下垂型	
溅水盘与顶板的距离	≥100	≤150	≥150	≤360

（6）图书馆、档案馆、商场、仓库中的通道上方宜设有喷头。喷头与被保护对象的水平距离应不小于 0.3m；标准喷头溅水盘与保护对象的最小垂直距离不小于 0.45m，其他喷头溅水盘与保护对象的最小垂直距离不应小于 0.90m。

（7）货架内喷头宜与顶板下喷头交错布置，其溅水盘与上方层板之间的距离不应小于 75mm，且不应大于 150mm，与其下方货品顶面的垂直距离不应小于 150mm。货架内喷头上方的货架层板应为封闭层板，货架内喷头上方如有孔洞、缝隙，应在喷头的上方设置集热挡水板。集热挡水板应为正方形或圆形金属板，其平面面积不宜小于 $0.12m^2$，周围弯边的下沿，宜与喷头的溅水盘平齐。

（8）直立边墙喷头溅水盘与顶板的距离不应小于 100mm，且不宜大于 150mm，与背墙的距离不应小于 50mm，且不宜大于 100mm；水平边墙型喷头溅水盘与顶板的距离不应小于 150mm，且不应大于 300mm。

（9）喷头洒水时，应均匀分布，且不应受阻挡。当喷头附近有障碍物时，喷头与障碍物的间距应符合相关规定或增设补偿喷水强度的喷头。建筑物同一间隔内应采用相同热敏性能的喷头，喷头应布置在顶板或吊顶下易于接触到火灾热气流并有利于均匀布水的位置。闭式系统的喷头，其公称动作温度宜高于环境最高温度 30℃，自动喷水灭火系统应有备用喷头，其数量不应少于总数的 1%，且每种型号均不得少于 10 只。湿式系统、预作用系统中一个报警阀组控制的喷头数不宜超过 800 只，干式系统不宜超过 500 只。当配水支管同时安装保护吊顶下方和上方空间的喷头时，应只将数量较多一侧的喷头计入报警阀组控制的喷头总数。串联接入湿式系统配水干管的其他自动喷水灭火系统，应分别设置独立的报警阀组，且控制的喷头数计入湿式阀组控制的喷头总数。每个报警阀组供水的最高与最低位置喷头，其高程差不宜大于 50m。保护室内钢屋架等建筑构件的闭式系统，应设独立的报警阀组。

（10）水力警铃的工作压力不应小于 0.05MPa，并应设在有人值班的地点附近，与报警阀连接的管道的管径应为 20mm，总长不宜大于 20m。除报警阀组控制的喷头只保护不超过防火分区的同层场所外，每个防火分区、每个楼层均应设水流指示器。仓库内顶板下喷头与货架内喷头应分别设置水流指示器。当水流指示器入口前设置控制阀时，应采用信号阀。

（11）减压孔板应设在直径不小于 50mm 的水平直管段上，前后管段的长度均不宜小于 5 倍该管段直径；孔口应采用不锈钢板制作，直径不应小于设置管段直径的 30%，且不应小于 20mm。节流管直径宜按上游管段直径的 1/2 确定，长度不宜小于 1m，节流管内水的平均流速不应大于 20m/s。减压阀应设在报警阀组入口前；其前应设过滤器；当连接两个及两个以上报警阀组时，应设置备用减压阀。垂直安装的减压阀，水流方向宜向下。

（12）采用临时高压给水系统的自动喷水灭火系统，应设高位消防水箱，其储水量应符合现行有关国家标准的规定。消防水箱的供水，应满足系统最不利点处喷头的最低工作压力和喷水强度。建筑高度不超过 24m,并按轻危险级或中危险级场所设置湿式系统、干式系统或预作用系统时,如设置高位消防水箱确有困难,应用 5L/s 流量的气压给水设备供给 10min 初期用水量。消防水箱的出水管上应设止回阀,并应与报警阀入口前管道连接;轻危险级、中危险级场所的系统,管径不应小于 80mm,严重危险级和仓库危险级不应小于 100mm。

(13)系统应设水泵接合器,其数量应按系统的设计流量确定,每个水泵接合器的流量宜按 10~15L/s 计算。当水泵接合器的供水能力不能满足最不利点处作用面积的流量和压力要求时,应采取增压措施。

2. 开式自动喷水灭火系统的设置规定

(1)开式自动喷水灭火系统中供水设施、减压装置、管路系统等,均应符合与闭式自动喷水灭火系统相同的规定。

(2)雨淋系统的防护区内应采用的喷头,每个雨淋阀控制的喷水面积不宜大于表 2-15 和表 2-16 规定的作用面积。采用多组雨淋阀联合分区,联动控制设备应能准确地启动火源区上方喷头所属的雨淋阀组。并联设置雨淋阀组的雨淋系统,其雨淋阀控制腔的入口应设止回阀。雨淋系统每根配水支管上装设的喷头不宜多于两个,每根配水干管的一侧担负的配水支管数量不应多于两根。管网系统在任何时间的压力波动不应超过工作压力的 10%~20%,以免系统误动作。

表 2-15　民用建筑和厂房自动喷水灭火系统的设计基本系数、设置场所危险等级、喷水强度

设置场所危险等级		喷水强度 /[L/(min · m²)]	系统作用面积 /m²	持续喷水时间 /min
轻危险级		4	160	60
中危险级	Ⅰ 级	6	160	60
中危险级	Ⅱ 级	8	160	60
严重危险级	Ⅰ 级	12	240	60
严重危险级	Ⅱ 级	16	240	60

表 2-16　堆垛与货架储物仓库自动喷水灭火系统的设计基本参数

仓库危险等级	货品最大堆积高度 /m	室内最大净空高度 /m	喷水强度 /[L/(min · m²)]	系统作用面积 /m²	持续喷水时间/min
Ⅰ 级	4.5	9.0	12	200	60
Ⅱ 级	4.5	9.0	16	300	60
Ⅲ 级	3.5	6.5	20	260	60

（3）防护冷却水幕应采用水幕喷头，喷头成排设置在被保护对象的上方，直接将水喷向被保护对象。门、窗的冷却防护水幕喷头应布置在火灾危险性小的一侧，采用窗口式喷头时，喷水方向应指向窗扇，喷头距窗扇顶的垂直距离为 50mm，离窗扇的水平距离不应小于 300mm，也不宜大于 450mm。冷却保护防火卷帘时，喷头仅布置在火灾危险性小的一侧，喷头距卷帘箱或结构底的垂直距离为 50mm，与卷帘的水平距离不应小于 300m，也不宜大于 450mm。冷却保护舞台前部的钢防火幕时，宜采用下垂式缝隙喷头，喷头设在舞台内侧，喷头的水流应以 30°～40° 的交角射向幕的顶部，以减少喷溅损失，喷头距钢防火幕平面的距离应不小于 300mm，也不宜大于 450mm。

（4）设在单一的防火卷帘或防火门处、由小型感温雨淋阀或感温释放阀控制的冷却水幕系统，配置的喷头数不超过 8 只，进水总管管径不大于 50mm，一组感温雨淋阀只保护一处分隔设施。由手动快开阀控制的小型冷却幕系统，一般只设在火灾时能够有足够时间进行人工启动的场所，给水总管直径不大于 50mm。

（5）防护冷却水幕一般采用如图 2-20 所示的两组雨淋阀并联控制的水幕系统，且每组雨淋阀的出口应设密封性能好的止回阀，以防由于一组雨淋阀开启，而另一组雨淋阀不能同步开启时，水流进入雨淋阀的出口立管，使雨淋阀的阀板承受反向水压，导致雨淋阀的脱口压力改变造成不能开启。

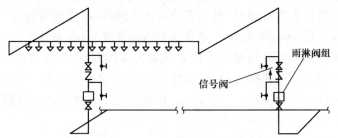

图 2-20　双雨淋阀并联控制的冷却型水幕系统

（6）防火分隔水幕用于尺寸不超过 15m×8m 的开口（舞台口除外），喷头布置应保证水幕的宽度不小于 6m。防火分隔水幕可采用开式洒水喷头或水幕喷头，采用水幕喷头时，喷头不少于三排；采用开式洒水喷头时，喷头不少于两排。喷头的布置间距根据规定的喷水强度和喷头特性系数经过计算确定，并满足均匀布水和不出现空白点的要求。一组雨淋阀控制的水幕喷头应采用同一规格，且等距布置。相邻两排管道上的喷头应交叉布置。

（7）保护对象的水雾喷头数量应根据设计喷雾强度、保护面积和水雾喷头特性计算确定，其布置应使水雾直接喷射和覆盖保护对象，当不能满足要求时应增加水雾喷头的数量。水雾喷头与保护对象之间的距离不得大于水雾喷射的有效射程。扑救电气火灾应选用离心雾化型水雾喷头；腐蚀性环境应选用防腐型的水雾喷头；粉尘场所设置的水雾喷头应有防尘罩。

（8）水雾喷头的平面布置方式可为矩形或菱形。当按矩形布置时，喷头间距不应大于1.4倍水雾锥底圆半径;当按菱形布置时,喷头间距不应大于1.7倍水雾锥底圆半径。

(9)当保护对象为油浸式电力变压器时,水雾喷头应布置在变压器周围,而不宜布置在变压器顶部;保护变压器顶部的水雾不应直接喷向高压套管;水雾喷头之间的水平距离与垂直距离应满足水雾锥相交的要求;油枕、冷却器、集油坑应设水雾喷头保护。

(10)当保护对象为球罐时,水雾喷头的喷口应面向球心;水雾锥沿纬线方向应相交,沿经线方向宜相接,但赤道以上环管之间的距离不应大于3.6m;无防护层的球罐钢支柱和罐体液位计、阀门等处应设水雾喷头的保护。

(11)当保护对象的保护面积较大或保护对象的数量较多时,水喷雾灭火系统宜设置多台雨淋阀,并利用雨淋阀控制同时喷雾的水雾喷头数量。保护液化气储罐的水喷雾灭火系统的控制,除应能启动直接受火罐的雨淋阀外,尚能启动直接受火罐1.5倍罐径范围内邻近罐的雨淋阀。分段保护皮带输送机的水喷雾灭火系统,除应能启动起火区段的雨淋阀外,尚应能启动起火区段下游相邻区段的雨淋阀,并应能同时切断皮带输送机的电源。

(12)雨淋阀组应设在环境温度不低于4℃,并有排水设施的室内,其安装位置宜在靠近保护对象并便于操作的地点。雨淋阀组的电磁阀,其入口应设过滤器。雨淋阀前的管道应设置过滤器,当水雾喷头无滤网时,雨淋阀后的管道亦应设滤网孔径为4.0～4.7目/cm² 的过滤器。在雨淋阀后的管道上不应设置其他用水设施。

(13)火灾探测器可采用缆式线性定温火灾探测器、空气管式感温火灾探测器或闭式喷头。当采用闭式喷头时,应采用传动管传输火灾信号。传动管的长度不宜大于300mm,公称直径为15～25mm。传动管上闭式喷头之间的距离,水喷雾系统不宜大于2.5m,雨淋系统宜为3m。

五、自动喷水灭火系统的设置原则

1.闭式自动喷水灭火系统的设置原则

下列场所应设置闭式自动喷水灭火设备:

(1)等于或大于50 000纱锭的棉纺厂的开包、清花车间,等于或大于5 000锭的麻纺厂的分组、梳麻车间,服装、针织高层厂房,面积超过1 500m² 的木器厂房,火柴厂的烤梗、筛选部位,泡沫塑料厂预发、成型、切片、压花部位。

(2)每座占地面积超过1 000m² 的棉、麻、毛、丝、化纤、毛皮及其制品库房,每座占地面积超过600m² 的火柴库房,建筑面积超过500m² 的可燃物品地下库房,可燃、难燃物品的高架库房和高层库房(冷库、高层卷烟成品库房除外),省级以上或藏书量超过100万册图书馆的书库。

(3)超过1 500个座位的剧院观众厅、舞台上部(屋顶采用金属构件时)、化妆室、道具室、储藏室、贵宾室,超过2000个座位的会堂或礼堂的观众厅、舞台上部、储藏室、贵宾室,超过3 000个座位的体育馆、观众厅的吊顶上部、贵宾室、器材间、运动员休息室。

(4)省级邮政楼的邮袋库。

(5)每层面积超过 3 000m² 或建筑面积超过 9 000m² 的百货大楼、展览大厅。

(6)设有空气调节系统的旅馆和综合办公楼内的走道、办公室、餐厅、商店、库房和无楼层服务员的客房。

(7)飞机发动机试验台的准备部位。

(8)国家级文物保护单位的重点砖木或木结构建筑。

(9)建筑面积超过 500m² 的地上商店。

(10)设置在地下、半地下建筑的 4 层及 4 层以上歌舞娱乐放映游艺场所,设置在建筑的首层、2 层和 3 层且建筑面积超过 300m² 的歌舞娱乐放映游艺场所。

(11)建筑高度超过 100m 的高层建筑,除面积小于 5m² 的卫生间、厕所和不宜用水扑救的部位外的其他场所。

(12)建筑高度不超过 100m 的一类高层建筑及裙房的下列部位:公共活动用房,走道、办公室和旅馆的客房,高级住宅的居住用房,自动扶梯底部和垃圾道顶部。

(13)二类高层民用建筑中的商场工业厅、展览厅等公共活动用房和超过 200m² 的可燃物品库房。

(14)高层建筑中经常有人停留或可燃物较多的地下室房间、歌舞娱乐放映游艺场所等。

(15)1 类、2 类、3 类地上汽车库,停车数超过 10 辆的地下汽车库,机械式立体汽车库或复式汽车库及采用升降梯作汽车疏散出口的汽车库,1 类修车库。

(16)人防工程的下列部位:使用面积超过 1 000m² 的商场、医院、旅馆、餐厅、展览厅、舞厅、旱冰场、体育场、电子游艺场、丙类生产车间、丙类和丁类物品库房等,超过 800 个座位的电影院、礼堂的观众厅,且吊顶下表面至观众席地面的高度不大于 8m 时,舞台面积超过 200m² 时。

2. 开式自动喷水灭火系统的设置原则

(1)雨淋喷水灭火系统。

下列场所应设雨淋喷水设备:

1)火柴厂的氯酸钾压碾厂房,建筑面积超过 100m² 的生产、使用硝化棉、喷漆棉、火胶棉、赛璐珞胶片、硝化纤维的厂房。

2)建筑面积超过 60m² 或储存量超过 2t 的硝化棉、喷漆棉、火胶棉、赛璐珞胶片、硝化纤维的库房。

3)日装瓶数量超过 3 000 瓶的液化石油气储配站的灌瓶间、实瓶库。

4)超过 1 500 个座位的剧院和超过 2 000 个座位的会堂、礼堂的舞台口以及与舞台相连的侧台、后台的门窗洞口。

5)建筑面积超过 400m² 的演播室,建筑面积超过 500m² 的电影摄影棚。

6)乒乓球厂的轧坯、切片、磨球、分球检验部位。

(2)水幕系统。

下列场所宜设置水幕装置:

1)超过 1 500 个座位的剧院和超过 2 000 个座位的会堂、礼堂的舞台口以及侧台、后台的门窗洞口。

2)应设防火墙等防火分隔物而无法设置的开口部位。

3)防火卷帘或防火幕的上部。

4)高层民用建筑物内超过 800 个座位的剧院、礼堂的舞台口。

(3)水喷雾灭火系统。

下列场所宜设置水喷雾灭火设备:

1)单台容量在 40MW 及以上的厂矿企业可燃油浸电力变压器、单台容量在 90MW 及以上的可燃油浸电厂电力变压器或单台容量在 125MW 及以上的独立变电所可燃油浸变压器。

2)飞机发动机试验台的试车部分。

3)高层建筑内的燃油、燃气锅炉房,可燃油浸电力变压器,充可燃油的高压电容器和多油开关室,自备发电机房。

(4)不适用自动喷水灭火系统的场所

1)遇水发生爆炸或加速燃烧的物品的存放场所。

2)遇水发生剧烈化学反应或产生有毒有害物质的物品的存放场所。

3)洒水将导致喷溅或沸溢的液体的存放场所。

第四节　建筑内部排水系统

一、建筑内部排水系统的分类与选择

1. 建筑内部排水系统的分类

(1)按污废水来源进行分类。

1)生活排水系统。生活排水系统排除居住建筑、公共建筑及工业企业生活间的污水与废水。有时,由于污废水处理、卫生条件或小区中水回用的需要,把生活排水系统又进一步分为排除冲洗便器的生活污水排水系统和排除盥洗、洗涤废水的生活废水排水系统。生活废水经过处理后,可作为杂用水,用以冲洗厕所、浇洒绿地和道路、冲洗汽车等。

2)工业废水排水系统。工业废水排水系统排除工业企业在生产过程中产生的污废水。在工业生产中受到轻度污染的水,如机械设备冷却水,经过简单处理能做杂用水或回用或排放,这叫生产废水;在工业生产过程中受到严重污染的水,如印染厂的排水、屠宰场的排水,水质很差,必须进行严格处理才能排放,这叫生产污水。根据这种污废水分类,工业废水排水系统又分为生产废水排水系统和生产污水排水系统。

3)屋面雨水排水系统。雨水是自然界中降水的主要来源,屋面雨水排水系统主要负责收集、排除落到大跨度屋面的雨水,防止雨水汇集屋面造成漏水。

(2)按污废水在排放过程中的关系进行分类。

1)污废合流排水系统。污废合流排水系统是指生活污水和生活废水、工业生产污水和工业生产废水在建筑物内合流后排放的排水系统。

2)污废分流排水系统。污废分流排水系统是指生活污水和生活废水或工业生产污水和工业生产废水分别在不同的管道系统内排放的排水系统。

2. 建筑内部排水系统的选择

(1)建筑物内生活排水系统的选择,应根据排水性质及污染程度,结合室外排水体制和有利于综合利用与处理要求确定。

1)当建筑采用中水系统时,所选用的原水排水系统的排水宜按排水水质分流排出。

2)当生活污水需经化粪池处理时,生活污水和生活废水宜采用分流排放。

3)当有污水处理厂时,生活污水与生活废水宜合流排出。

(2)下列情况中的建筑排水宜单独排至水处理或回收构筑物:

1)公共饮食业厨房洗涤废水;

2)洗车台冲洗水;

3)含有大量致病菌或放射性元素超标的医院污水;

4)水温超过 40℃的锅炉、水加热器等加热设备排水;

5)用作中水水源的生活排水。

(3)建筑雨水排水系统应单独设置,在缺水或严重缺水地区宜设雨水回收利用装置。

二、建筑内部排水系统的组成

建筑内部排水系统一般由卫生器具、生产设备受水器、排水管道、清通设备、提升设备、污废水局部处理构筑物和通气管道组成。

(1)卫生器具和生产设备受水器。

卫生器具又称卫生设备或卫生洁具,是接收、排出人们在日常生活中产生的污废水或污物的容器或装置。洗脸盆、洗涤池、大便器等都属于卫生器具。

生产设备受水器是接收、排出工业企业在生产过程中产生的污废水或污物的容器或装置。

(2)排水管道。

排水管道包括器具排水管(含存水弯)、横支管、立管、埋地干管和排出管。

(3)清通设备。

污废水中含有固体杂物和油脂,易在管内沉积、粘附,使管道过水断面减小甚至堵塞管道,因此需设清通设备。

清通设备包括设在横支管顶端的清扫口,设在立管或较长横干管上的检查口和设在室内较长埋地横干管上的检查口。

(4)提升设备。

标高较低的场所,如工业和民用建筑的地下室等产生的污废水,不能靠重力自流排到室外检查井,必须设污水泵等提升设备。

(5)污废水局部处理构筑物。

当建筑内部污水未经处理不允许直接排入市政排水管网或水体时,需设污水局部处理构筑物,如处理民用建筑生活污水的化粪池,降低锅炉、加热设备排污水水温的降温池,去除含油污水、油脂的隔油池,及以消毒为主要目的的医院污水处理构筑物等。

(6)通气系统。

建筑内部排水管道内是水气两相流,气体经常发生波动,为避免因管内压力波动使有毒有害气体进入室内和降低管道内噪声,需要设置与大气相通的通气管道系统。通气系统有排水立管延伸到屋面上的伸顶通气管、专用通气管以及专用附件。

三、排水管道

1. 排水管道组合类型

排水管道组合类型见表 2-17。

表 2-17　排水管道组合类型

项　目	内　容
单立管排水系统	只有一根排水立管,没有专门通气立管的系统。单立管排水系统是利用排水立管本身及其连接的横支管和附件进行气流交换,也称为内通气系统。 　根据建筑层数和卫生器具的数量,单立管排水系统可分为三种类型,即无通气管的单立管排水系统、有通气管的普通单立管排水系统、特制配件单立管排水系统
双立管排水系统	又称双管制,由一根排水立管和一根通气立管组成。利用排水立管和通气立管两者之间的空气交换,所以叫外通气系统。适用于污废水合流的各类多层和高层建筑
三立管排水系统	又称为三管制,是由一根污水立管和一根废水立管共用一根通气立管构成。三立管排水系统也是外通气系统,适用于生活污水废水分流的多层和高层建筑。 　三立管排水系统还有一种变形系统,即省掉专用通气立管,将废水立管和污水立管每隔两层互相连接,利用两立管的排水时间差,互为通气立管,称为湿式外通气系统

2. 室内排水管道的布置和敷设要求

(1)卫生器具的布置与敷设要求。

1)根据各类卫生间和厕所的平面尺寸,确定合适的卫生器具类型和布置间距,既要考虑使用方便,又要考虑管线短,排水通畅,便于维护管理。卫生器具平面布置图如图 2-21 所示。

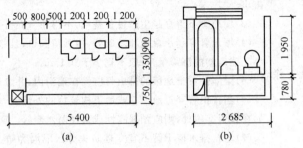

图 2-21　公共厕所及卫生间内洁具布置

(a)公共厕所内洁具布置;(b)卫生间内洁具布置

2)为使卫生器具使用方便,使其功能正常发挥,卫生器具的安装高度应满足相关要求。

3)地漏应设在地面最低处,易于溅水的卫生器具附近。

(2)排水管道的布置与敷设要求见表 2-18。

表 2-18　排水管道的布置与敷设要求

项　　目	内　　容
排水横支管布置和敷设的要求	(1)排水横支管不宜太长,尽量少转弯,同一根支管连接的卫生器具不宜过多。 (2)排水横支管不得穿过沉降缝、伸缩缝、变形缝、烟道和风道。 (3)排水横支管不得穿过有特殊卫生要求的房间和遇水会发生灾害的房间,如食品加工车间、通风室和变电室等。 (4)排水横支管距楼板和墙应有一定的距离,便于安装和维修。 (5)高层建筑中,管径不小于 110mm 的明敷塑料排水横支管接入管道井时,应在穿越管道井处设置阻火装置,阻火装置一般采用防火套管或阻火圈
排水立管布置和敷设的要求	(1)排水立管应靠近排水量大、水中杂质多、最脏的排水点处,如大便器等。 (2)排水立管不得布置在卧室、病房,也不宜靠近与卧室相邻的内墙。 (3)排水立管宜靠近外墙,以减少埋地管长度,便于清通和维护。 (4)塑料排水立管与家用灶具净距不得小于 0.4m。 (5)高层建筑中,塑料排水立管明敷且其管径不小于 110mm 时,在立管穿越楼层处应设置阻火装置

项　目	内　容
排水出户管及横干管布置和敷设的要求	(1)排出管应以最短的距离排出室外,且尽量避免在室内转弯。 (2)建筑层数较多时,当超过表 2-19 中的数值时,底层污水应单独排出。 (3)埋地管不得穿越生产设备基础,不得布置在可能受重物压坏处。 (4)埋地管穿越承重墙和基础处,应预留洞口,且管顶上部净空不得小于建筑物的沉降量,一般不宜小于 0.15m。 (5)湿陷性黄土地区的排出管应设在地沟内,并应设检漏井。 (6)当排出管穿过地下室或地下构筑物的外墙时,应采取防水措施;如在管道穿越处,则应预埋刚性或柔性防水套管。 (7)塑料排水横干管不宜穿越防火分区隔墙和防火墙;当不可避免确须穿越时,应在管道穿越墙体处的两侧设置阻火装置

表 2-19　最低横支管与立管连接处至立管管底的距离

立管连接卫生器具层数/层	垂直距离/m
≤4	0.45
5～6	0.75
7～12	1.20
13～19	3.00
≥20	6.00

四、通气管

1. 通气管的种类和作用

通气管的种类有伸顶通气管、专用通气管、主通气立管、副通气立管、环形通气管、器具通气管和结合通气管等。

(1)伸顶通气管,污水立管顶端延伸出屋面的管段称为伸顶通气管,作通气及排除臭气用,是排水管系最简单、最基本的通气方式。

(2)专用通气管,是指仅与排水立管连接,为污水立管内空气流通而设置的垂直通气管道。适用于立管总负荷超过允许排水负荷时,起平衡立管内的正负压作用。

(3)主通气立管,是指为连接环形通气管和排水立管,并为排水支管和排水主管内空气流通设置的垂直管道。

(4)副通气立管,是指仅与环形通气管连接,为使排水横支管内空气流通设置的通气管道,其作用与专用通气管一致,设在排水立管对侧。

　　(5)环形通气管,是指在多个卫生器具的排水横支管上,从最始端卫生器具的下游端接至通气立管的那一段通气管段。

　　(6)器具通气管,是指卫生器具存水弯出口端,在高于卫生器具上一定高度处与主通气立管连接的通气管段,可防止卫生器具产生"自虹吸"现象和噪声,适用于高级宾馆及要求较高的建筑。

　　(7)结合通气管,是指排水立管与通气立管的连接管段。其作用是当上部横支管排水,水流沿立管向下流动,水流前方空气被压缩,通过其释放被压缩的空气至通气立管。

　　2. 通气管道布置和敷设要求

　　(1)通气管道的设置要求。

　　1)生活排水管道的立管顶端,均应设伸顶通气管。

　　2)生活排水立管所承担的卫生器具排水设计流量,当超过规定的仅设伸顶通气管的排水立管最大排水能力时,应设专用通气立管。建筑标准要求较高的多层住宅和公共建筑、十层及十层以上的高层建筑生活污水立管可设置专用通气管。

　　3)下列排水管段应设置环形通气管:

　　①连接四个及四个以上卫生器具且横支管的长度大于12m的排水横支管;

　　②连接六个及六个以上大便器的污水横支管;

　　③设置有器具通气管。

　　4)对卫生、安静要求较高的建筑物内,生活排水管道宜设置器具通气管。

　　5)建筑物内各层的排水管道上设有环形通气管时,应设置连接各层环形通气管的主通气立管或副通气立管。

　　6)主通气管、副通气管与专用通气立管的效果一样,如已设置环形通气立管、主通气立管或副通气立管,则不必设置专用通气立管,以防止器具排水时,污废水倒流入通气管。

　　7)伸顶通气管不允许或不可能单独伸出屋面时,可设置结合通气管。

　　(2)通气管和污水管的连接要求。

　　1)器具通气管设在存水弯出口端。在横支管上设环形通气管时,应在其最始端的两个卫生器具间接出,并应在排水支管中心线以上与排水支管呈90°或45°连接。

　　2)器具通气管、环形通气管应在卫生器具上边沿以上不小于0.15m处,按不小于1%的上升坡度与通气立管连接。

　　3)专用通气立管和主通气立管的上端可在最高层卫生器具上边沿,或检查口以上与排水支管通气部分以斜三通连接,下端应在最低排水横支管以上与排水立管以斜三通连接。

　　4)专用通气立管应每隔两层、主通气立管宜每隔8~10层设置结合通气管与排水立管连接。

5)结合通气管下端宜在排水横支管以下与排水立管以斜三通连接;上端可在卫生器具上边沿以上不小于0.15m处与通气立管以斜三通连接。

6)当用H管件替代结合通气管时,管与通气管的连接点应设在卫生器具边沿以上0.15m处。

7)当污水立管与废水立管合用一根通气立管时,H管配件可隔层分别与污水立管和废水立管连接,且最低横支管连接点以下应设结合通气管。

8)通气立管不得接收器具污水、废水和雨水,不得与风道和烟道连接。

(3)伸顶通气管的设置要求。

1)通气管高出屋面不得小于0.3m,且应大于最大积雪厚度,通气管顶端应装设风帽或网罩;屋顶有隔热层时,应从隔热层板面算起。

2)通气管口周围4m以内有门窗时,通气管口应高出窗顶0.6m或引向无门窗一侧。

3)经常有人停留的平屋面上,通气管口应高出屋面2m,并应根据防雷要求装设防雷装置。

4)通气管口不宜设在建筑物挑出部分(如阳台和雨篷等)的下面。

第五节　建筑雨水排水系统

一、建筑雨水排水系统分类与选用

1. 建筑雨水排水系统的分类

(1)按建筑物内部是否有雨水管道分类。

1)按建筑物内部是否有雨水管道分为内排水系统和外排水系统两类。

2)按照雨水排至室外的方法,内排水系统又分为架空管排水系统和埋地管排水系统。雨水通过室内架空管道直接排至室外的排水管(渠),室内不设埋地管的内排水系统称为架空管内排水系统。架空管内排水系统排水安全,可避免室内冒水,但需用金属管材多,易产生凝结水,管系内不能排入生产废水。雨水通过室内埋地管道排至室外,室内不设架空管道的内排水系统称为埋地管内排水系统。

(2)按雨水在管道内的流态分类。

1)重力无压流,是指雨水通过自由堰流入管道,在重力作用下附壁流动,管内压力正常,这种系统也称为堰流斗系统。

2)重力半有压流,是指管内气水混合,在重力和负压抽吸双重作用下流动,也称为87式雨水斗系统。

3)压力流,是指管内充满雨水,主要在负压抽吸作用下流动,这种系统也称为虹吸式系统。

(3)按屋面的排水条件分类。

1)当建筑屋面面积较小时,在屋檐下设置汇集屋面雨水的沟槽,称为檐沟排水。

2)在面积大且曲折的建筑物屋面设置汇集屋面雨水的沟槽,将雨水排至建筑物的两侧,称为天沟排水。

3)降落到屋面的雨水沿屋面径流,直接流入雨水管道,称为无沟排水。

(4)按出户埋地横干管是否有自由水面分类。

1)敞开式排水系统,是非满流的重力排水,管内有自由水面,连接埋地干管的检查井是普通检查井。敞开式排水系统可接纳生产废水,省去生产废水埋地管,但暴雨时会出现检查井冒水现象,雨水会漫流到室内地面,造成危害。

2)密闭式排水系统,是满流压力排水,连接埋地干管的检查井内用密闭的三通连接,室内不会发生冒水现象。

(5)按一根立管连接的雨水斗数量分类。

内排水系统按一根立管连接的雨水斗数量分为单斗和多斗雨水排水系统。在条件允许的情况下,应尽量采用单斗排水。

1)单斗系统一般不设悬吊管,多斗系统中悬吊管将雨水斗和排水立管连接起来。

2)在重力无压流和重力半有压流状态下,由于互相干扰,多斗系统中每个雨水斗的泄流量小于单斗系统的泄流量。

2. 雨水排水系统的选用

选择建筑物屋面雨水排水系统时应根据建筑物的类型、建筑结构形式、屋面面积大小、当地气候条件以及生活生产的要求,经过技术经济比较,应以"安全、经济"的原则选择雨水排水系统。

安全是指能迅速、及时地将屋面雨水排至室外,屋面溢水频率低,室内管道不漏水,地面不冒水。为此,密闭式系统优于敞开式系统,外排水系统优于内排水系统。堰流斗重力流排水系统的安全可靠性最差。经济是指在满足安全的前提下,系统的造价低,寿命长。虹吸式系统泄流量大、管径小,造价最低;87式重力流系统次之;堰流斗重力流系统管径最大,造价最高。

屋面集水优先考虑天沟形式,雨水斗置于天沟内。建筑屋面内排水和长天沟外排水一般宜采用重力半有压流系统,大型屋面的库房和公共建筑内排水,宜采用虹吸式有压流系统,檐沟外排水宜采用重力无压流系统。阳台雨水应自成系统排到室外,不得与屋面雨水系统相连接。

二、建筑雨水排水系统的组成

1. 檐沟外排水系统

檐沟外排水又称普通外排水、水落管外排水。檐沟外排水系统由檐沟和敷设在建筑物外墙的立管组成,如图 2-22 所示。降落到屋面的雨水沿屋面集流到檐沟,流入隔一定距离设置的立管排至室外的地面或雨水口。根据降雨量和管道的通水能力确定一根立管服务的屋面面积,根据屋面形状和面积确定立管的间距。

檐沟外排水系统适用于普通住宅、一般的公共建筑和小型单跨厂房。

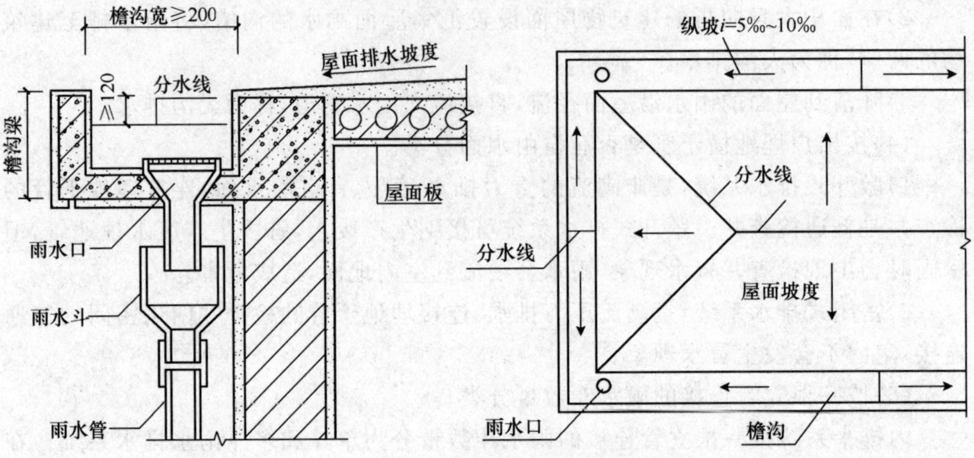

图 2-22　檐沟外排水布置

2. 天沟外排水系统

天沟外排水系统由天沟、雨水斗和排水立管组成。天沟是指屋面在构造上形成的排水沟,设置在两跨中间并坡向端墙,接受屋面的雨雪水。雨水斗设在伸出山墙的天沟末端,也可设在紧靠山墙的屋面。立管连接雨水斗并沿外墙布置。降落到屋面上的雨水沿坡向天沟的屋面汇集到天沟,沿天沟流至建筑物两端(山墙、女儿墙),流入雨水斗,经立管排至地面或雨水井。

天沟外排水系统适用于长度不超过100m的多跨工业厂房。天沟的排水断面形式应根据屋顶情况而定,多为矩形和梯形。天沟坡度一般在3‰~6‰之间,天沟坡度过大,会使天沟起端屋顶垫层过厚而增加结构的荷重;坡度过小,会使天沟抹面时局部出现倒坡,使雨水在天沟中积存,造成屋顶漏水。

以建筑物伸缩缝、沉降缝和变形缝为屋面分水线,在分水线两侧分别设置天沟,如图 2-23 所示。天沟的长度应根据本地区的暴雨强度、建筑物跨度、天沟断面形式等进行水力计算确定,天沟长度一般不应超过50m。为保证排水安全,防止天沟末端积水太深,应在天沟末端设置溢流口,溢流口比天沟上檐低 50~100mm。

3. 雨水内排水系统

雨水内排水系统由雨水斗、连接管、悬吊管、立管、排出管、埋地干管和附属构筑物组成,如图 2-24 所示。降落到屋面上的雨水沿屋面流入雨水斗,经连接管、悬吊管进入排水立管,再经排出管流入雨水检查井或经埋地干管排至室外雨水管道。由于受建筑结构形式、屋面面积、生产生活的特殊要求以及当地气候条件的影响,雨水内排水系统可能只由其中的某些部分组成。

雨水内排水系统适用于跨度大、特别长的多跨建筑,在屋面设天沟有困难的锯齿形、壳形屋面建筑,屋面有天窗的建筑,建筑立面要求高的建筑,大屋面建筑及寒冷地区的建筑,在墙外设置雨水排水立管有困难时,也可考虑采用内排水形式。

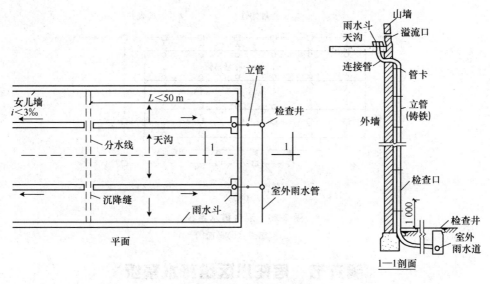

图 2-23　天沟外排水布置

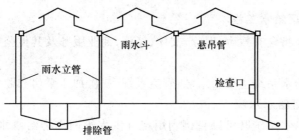

图 2-24　雨水内排水系统

4. 混合排水系统

大型工业厂房的屋面形式复杂,为及时有效地排除屋面雨水,在同一建筑物中常采用几种不同形式的雨水排除系统,分别设置在屋面的不同部位,由此组合成屋面雨水混合排水系统,如图 2-25 所示。

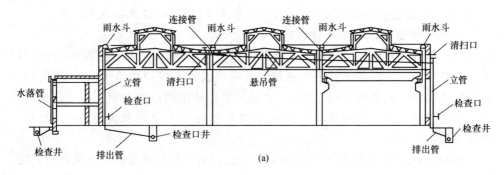

(a)

图　2-25

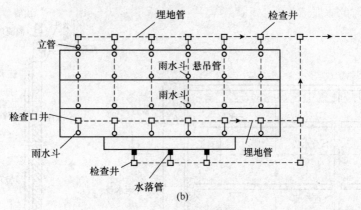

图 2-25　混合排水系统

(a)剖面图；(b)平面图

第六节　居住小区给排水系统

一、居住小区给水工程

居住小区是指含有教育、医疗、文体、经济、商业服务及其他公共建筑的城镇居民住宅建筑区。

居住小区给水系统主要由水源、管道系统、二次加压泵房和贮水池等组成。

1. 居住小区给水水源

居住小区给水系统既可以直接利用现有供水管网作为给水水源,也可以自备水源。位于市区或厂矿区供水范围内的居住小区,应采用市政或厂矿给水管网作为给水水源,以减少工程投资。远离市区或厂矿区的居住小区,可自备水源。对于离市区或厂矿区较远,但可以敷设专门的输水管线供水的居住小区,应通过技术经济比较确定是否自备水源。自备水源的居住小区给水系统严禁与城市给水管道直接连接。当需要将城市给水作为自备水源的备用水或补充水时,只能将城市给水管道的水放入自备水源的贮水(或调节)池,经自备系统加压后使用。在严重缺水地区,应考虑建设居住小区中水工程,用中水来冲洗厕所、浇洒绿地和道路。

2. 居住小区给水系统与供水方式

居住小区供水既可以是生活和消防合用一个系统,也可以是生活系统和消防系统各自独立。若居住小区中的建筑物不需要设置室内消防给水系统,火灾扑救仅靠室外消火栓或消防车时,宜采用生活和消防共用的给水系统。若居住小区中的建筑物需要设置室内消防给水系统,如高层建筑,宜将生活和消防给水系统各自独立设置。

居住小区供水方式可分为直接供水方式、调蓄增压供水方式和分压供水方式。

(1)直接供水方式。

直接供水方式就是利用城市市政给水管网的水压直接向用户供水。当城市市政给水管网的水压和水量能满足居住小区的供水要求时,应尽量采用这种供水方式。

（2）调蓄增压供水方式。

当城市市政给水管网的水压和水量不足,不能满足居住小区内大多数建筑的供水要求时,应集中设置贮水调节设施和加压装置,采用调蓄增压供水方式向用户供水。

（3）分压供水方式。

当居住小区内既有高层建筑,又有多层建筑,建筑物高度相差较大时应采用分压供水方式供水。这样既可以节省动力消耗,又可以避免多层建筑供水系统的压力过高。

3. 居住小区给水管道的布置和敷设

（1）居住小区给水管道可以分为小区给水干管、小区给水支管和接户管三类,有时将小区给水干管和小区给水支管统称为居住小区室外给水管道。在布置小区管道时,应按干管、支管、接户管的顺序进行。

（2）为了保证小区供水可靠性,小区给水干管应布置成环状或与城市管网连成环状,与城市管网的连接管不少于两根,且当其中一条发生故障时,其余的连接管应通过不小于70%的流量。小区给水干管宜沿用水量大的地段布置,以最短的距离向大户供水。小区给水支管和接户管一般为枝状。

（3）居住小区室外给水管道,应沿小区内道路平行于建筑物敷设,宜敷设在人行道、慢车道或草地下,管道外壁距建筑物外墙的净距不宜小于1.0m,且不得影响建筑物的基础。给水管道与建筑物基础的水平净距与管径有关,管径为100～150mm时,不宜小于1.5m;管径为50～75mm时,不宜小于1.0m。

（4）居住小区室外给水管道尽量减少与其他管线的交叉,如不可避免时,给水管应敷设在排水管上,给水管与其他地下管线及乔木之间的距离也应满足相关要求。

（5）为便于小区管网的调节和检修,应在与城市管网连接处的小区干管、与小区给水干管连接处的小区给水支管、与小区给水支管连接处的接户管以及环状管网需调节和检修处设置阀门,阀门应设在阀门井或阀门套筒内。

（6）居住小区内城市消火栓保护不到的区域应设室外消火栓,设置数量和间距应按现行国家标准的规定执行。

二、居住小区排水系统

1. 排水体制

居住小区排水体制分为分流制和合流制,采用哪种排水体制,主要取决于城市排水体制和环境保护要求。同时,也与居住小区是新区建设还是旧区改造以及建筑内部排水体制有关。新建小区一般应采用雨污分流制,以减少对水体和环境的污染。当居住小区内需设置中水系统时,为简化中水处理工艺,节省投资和日常运行费用,还应将生活污水和生活废水分质分流。当居住小区设置化粪池时,为减小化粪池容积,也应将污水和废水分流,生活污水进入化粪池,生活废水直接排入城市排水管网、水体或中水处理站。

2. 居住小区排水管道的布置与敷设

居住小区排水管道的布置应根据小区总体规划,道路和建筑物布置,地形标高,污水、废水和雨水的去向等实际情况,按照管线短、埋深小、尽量自流排出的原则确定。居住小区排水管道的布置应符合下列要求:

(1)排水管道宜沿道路或建筑物平行敷设,尽量减少转弯以及与其他管线的交叉;

(2)干管应靠近主要排水建筑物,并布置在连接支管较多的一侧;

(3)排水管道应尽量布置在道路外侧的人行道或草地的下面,不允许平行布置在铁路的下面和乔木的下面;

(4)排水管道应尽量远离生活饮用水给水管道,避免生活饮用水遭受污染。

居住小区排水管道的覆土厚度应根据道路的行车等级、管材受压强度、地基承载力、土层冰冻等因素和建筑物排水管标高经计算确定。小区干道下的管道,覆土厚度不宜小于 0.7m,如小于 0.7m 时应采取防止管道受压破损的技术保护措施。生活污水接户管埋设深度不得高于土壤冰冻线 0.15m,且覆土厚度不宜小于 0.3m。

居住小区内雨水口的形式和数量应根据布置位置、雨水流量和雨水口的泄流能力经计算确定。雨水口的布置应根据地形、建筑物位置,沿道路布置。雨水口一般布置在道路交汇处和路面最低点,建筑物单元出入口与道路交界处,外排水建筑物的水落管附近,小区空地、绿地的低洼点,地下坡道入口处。

第七节　建筑中水系统

一、中水定义

中水是指各种排水经处理后,达到规定的水质标准,可在生活、市政、环境等范围内杂用的非饮用水,是由上水(给水)和下水(排水)派生出来的。建筑中水工程是指民用建筑物或小区内使用后的各种排水(如生活排水、冷却水及雨水等)经过适当处理后,回用于建筑物或小区内,作为冲洗便器、冲洗汽车、绿化和浇洒道路等杂用水的供水系统。工业建筑的生产废水和工艺排水的回用不属于建筑中水工程,但工业建筑内的生活污水的回用则属此范围。

建筑中水工程的设置,可以有效节约水资源,减少污废水排放量,减轻水环境的污染,特别适用于缺水或严重缺水的地区。建筑中水工程,相对于城市污水大规模处理回用而言,属于分散、小规模的污水回用工程,具有可就地回收处理利用、无需长距离输水、易于建设、投资相对较小和运行管理方便等优点。

我国现行《建筑中水设计规范》(GB 50336—2002)中明确规定:缺水城市和缺水地区适合建设中水设施的工程项目,应按照当地有关规定配套建设中水设施。中水设施必须与主体工程同时设计,同时施工,同时使用。

二、中水水源

中水水源可分为建筑物中水水源和小区中水水源。

(1)建筑物中水水源可取自建筑的生活排水和其他可以利用的水源。建筑屋面雨水可作为中水水源或其补充;综合医院污水作为中水水源时,必须经过消毒处理,产出的中水仅可用于独立的、不与人直接接触的系统;传染病医院、结核病医院污水和放射性废水,不得作为中水水源。

(2)建筑物中水水源可选择的种类和选取顺序为:

1)卫生间、公共浴室的盆浴、淋浴等的排水;

2)盥洗排水;

3)空调循环冷却系统排污水;

4)冷凝水;

5)游泳池排污水;

6)洗衣排水;

7)厨房排水;

8)厕所排水。

(3)实际中水水源不是单一水源,多为上述几种原水的组合,见表2-20。

表 2-20　实际中水水源

项　　目	内　　容
优质杂排水	杂排水中污染程度较低的排水,如冷却排水、游泳池排水、沐浴排水、盥洗排水、洗衣排水等,其有机物浓度和悬浮物浓度都低,水质好,处理容易,处理费用低,应优先使用
杂排水	民用建筑中除冲厕排水外的各种排水,如冷却排水、游泳池排水、沐浴排水、盥洗排水、洗衣排水、厨房排水等,其有机物浓度和悬浮物浓度都较高,水质相对较好,处理费用比优质杂排水高
生活排水	所有生活排水之总称。其有机物浓度和悬浮物浓度都很高,水质较差,处理工艺复杂,处理费用高

(4)中水水源应根据排水的水质、水量、排水状况和中水回用的水质、水量选定。为了简化中水处理流程,降低工程造价,降低运转费用,选择中水水源时,应首先选用污染浓度低、水量稳定的优质杂排水。

(5)小区中水水源的选择要依据水量平衡和经济技术比较来确定,并应优先选择水量充裕稳定、污染物浓度低、水处理难度小、安全且居民易接受的中水水源。

小区中水可选择的水源有：

　　1)小区内建筑物杂排水；

　　2)小区或城市污水处理厂出水；

　　3)相对洁净的工业排水；

　　4)小区内的雨水；

　　5)小区生活污水。

当城市污水回用处理厂出水达到中水水质标准时，小区可直接连接中水管道使用。当城市污水回用处理厂出水未达到中水水质标准时，可作为中水原水进一步处理，达到中水水质标准后方可使用。

三、建筑中水系统形式

建筑中水是建筑物中水和小区中水的总称。建筑物中水是指在一栋或几栋建筑物内建立的中水系统。小区中水是指在小区内建立的中水系统。小区主要指居住小区，也包括院校、机关大院等集中建筑区。建筑中水系统是由中水原水的收集、贮存、处理和中水供给等工程设施组成的有机结合体，是建筑或小区的功能配套设施之一。

1. 建筑物中水系统形式

建筑物中水宜采用原水污、废分流，中水专供的完全分流系统。在该系统中，中水原水的收集系统和建筑物的原排水系统是完全分开的，同时建筑物的生活给水系统和中水供水系统也是完全分开的。

2. 建筑小区中水系统形式

建筑小区中水可以采用以下多种系统形式：

(1)全部完全分流系统是指原水污、废分流管系和中水供水管系覆盖建筑小区内全部建筑物的系统。

"全部"是指分流管道的覆盖面，是全部建筑还是部分建筑；"分流"是指系统管道的敷设形式，是污废水分流、合流还是无管道。

完全分流系统管线比较复杂，设计施工难度较大，管线投资较大。该系统在缺水地区和水价较高的地区是可行的。

(2)部分完全分流系统是指原水污、废分流管系和中水供水管系均为覆盖小区内部分建筑的系统，可分为半完全分流系统和无分流管系的简化系统。

半完全分流系统是指无原水污、废分流管系，只有中水供水管系；或只有污水、废水分流管系而无中水供水管的系统。前者指采用生活污水或外界水源，而少一套污水收集系统；后者指室内污水收集后用于室外杂用，而少一套中水供水管系。这两种情况可统称为三套管路系统。

无分流管系的简化系统是指建筑物内无原水的污、废分流管系和中水供水管系的系统。该系统使用综合生活污水或外界水源作为中水水源，建筑物内无原水的污、废分流管系；中水不进建筑物，只用于地面绿化、喷洒道路、水体景观和人工湖补水、地面冲洗和汽车清洗等，无中水供水管系。这种情况下，建筑物内还是两套管路系统。

中水系统形式的选择，应根据工程的实际情况、原水和中水用量的平衡和稳定、系统的技术经济合理性等因素综合考虑确定。

四、建筑中水系统组成

中水系统包括原水系统、处理系统和供水系统三部分。

1. 中水原水系统

中水原水系统是指收集、输送中水原水到中水处理设施的管道系统和一些附属构筑物，其设计与建筑排水管道的设计原则和基本要求相同。

2. 中水处理系统

中水处理系统是中水系统的关键组成部分，其任务是将中水原水净化为合格的回用中水。中水处理系统的合理设计、建设和正常运行是建筑中水系统有效实施的保障。

中水处理系统包括预处理、处理和深度处理。预处理单元一般包括格栅、毛发去除、预曝气等（厨房排水等含油排水进入原水系统时，应经过隔油处理；粪便排水进入原水系统时，应经过化粪池处理）。处理单元分为生物处理和物化处理两大类型，生物处理单元如生物接触氧化、生物转盘、曝气生物滤池、土地处理等，物化处理单元如混凝沉淀、混凝气浮、微絮凝等。深度处理单元如过滤、活性炭吸附、膜分离、消毒等。

3. 中水供水系统

中水供水系统的任务是将中水处理系统的出水（符合中水水质标准）保质保量地通过中水输配水管网送至各个中水用水点，该系统由中水贮水池、中水增压设施、中水配水管网、控制和配水附件、计量设备等组成。

五、中水处理工艺流程

中水处理工艺流程应根据中水原水的水质、水量及中水回用对水质、水量的要求进行选择。进行方案比较时还应考虑场地状况、环境要求、投资条件、缺水背景、管理水平等因素，经过综合经济技术比较后择优确定。

（1）当以优质杂排水或杂排水作为中水水源时，可采用以物化处理为主的工艺流程，或采用生物处理和物化处理相结合的工艺流程。

优质杂排水是中水系统原水的首选水源，大部分中水工程以洗浴、盥洗、冷却水等优质杂排水为中水水源。对于这类中水工程，由于原水水质较好且差异不大，处理目的主要是去除原水中的悬浮物和少量有机物，因此不同流程的处理效果差异并不大；所采用的生物处理工艺主要为生物接触氧化和生物转盘工艺，处理后出水水质一般均能达到中水水质标准。

（2）当以含有粪便污水的排水作为中水水源时，宜采用二段生物处理与物化处理相结合的处理工艺流程。

　　随着水资源紧缺的加剧,开辟新的可利用的水源的呼声越来越高,以综合生活污水为原水的中水设施呈现增多的趋势。由于含有粪便污水的排水有机物浓度较高,这类中水工程一般采用生物处理为主且与物化处理结合的工艺流程,部分中水工程以厌氧处理作为前置处理单元强化生物处理工艺流程。

　　(3)利用污水处理站二级处理出水作为中水水源时,宜选用物化处理或与生化处理结合的深度处理工艺流程。

　　在确保中水水质的前提下,可采用耗能低、效率高、经过实验或实践检验的新工艺流程。中水用于采暖系统补充水等用途,其水质要求高于杂用水,采用一般处理工艺不能达到相应水质标准要求时,应根据水质需要增加深度处理,如活性炭、超滤或离子交换处理等。

　　中水处理产生的沉淀污泥、活性污泥和化学污泥,当污泥量较小时,可排至化粪池处理,当污泥量较大时,可采用机械脱水装置或其他方法进行妥善处理。

　　近年来,随着水处理技术的发展,大量中水工程的建成,多种中水处理工艺流程得到应用,中水处理工艺工程突破了几种常用流程向多样化发展。随着技术、经验的积累,中水处理工艺的安全适用性得到重视,中水回用的安全性得到了保障;各种新技术、新工艺应用于中水工程,如水解酸化工艺、生物炭工艺、曝气生物滤池、膜生物反应器、土地处理等,大大提高了中水处理技术水平,使中水工程的效益更加明显;大量就近收集、处理回用的小型中水设施的应用,促进了小型中水工程技术的集成化、自动化发展;国家相关技术规范的颁布,加速了中水工程的规范化和定型化,中水工程质量不断提高。

第三章　建筑给排水工程总平面图识读

第一节　建筑给排水工程总平面图识读要领

（1）建筑给排水总平面图所表达的是建筑给排水施工图中的室外部分的内容。大致包括以下几个方面的内容：

1）生活（生产）给水室外部分的内容；

2）消防给水室外部分的内容；

3）污水排水室外部分的内容；

4）雨水排水管道和构筑物布置等；

5）热水供应系统室外部分的内容。

（2）对于简单工程，一般把生活（生产）给水、消防给水、污水排水和雨水排水绘在一张图上，便于使用；对较复杂工程，可以把生活（生产）给水、消防给水、污水排水和雨水排水按功能或需要分开绘制，但各种管道之间的相互关系需要非常明确。一般情况下，建筑给排水总平面图需要单独写设计总说明（简单工程可以与单体设计总说明合并），在识图时应对照图纸仔细阅读。

（3）建筑总平面图应保留的基本内容。

建筑给排水总平面图是以建筑总平面图为基础的，建筑总平面图应保留的基本内容包括：各建筑物的外形、名称、位置、层数、标高和地面控制点标高、指北针（或风向玫瑰图）。

（4）建筑给排水总平面图应表达的基本内容。

在建筑给排水总平面图中既要画出建设区内的给排水管道与构筑物，又要画出区外毗邻的市政给排水管道与构筑物。建筑给排水总平面图应表达的基本内容包括以下几个方面：

1）给排水构筑物。在建筑给排水总平面图上应明确标出给排水构筑物的平面位置及尺寸。给水系统的主要构筑物主要有：水表井（包括旁通管、倒流防止器等）、阀门井、室外消火栓、水池（生活、生产、消防水池等）、水泵房（生活、生产、消防水泵房等）等；排水系统的主要构筑物主要有：出户井、检查井、化粪池、隔油池、降温池、中水处理站等。在图中标出各构筑物的型号以及引用详图。

2）生活（生产）和消防给水系统。在建筑给排水总平面图上应明确标出生活（生产）和消防管道的平面位置、管径、敷设的标高（或埋设深度），阀门设置位置，室外消火栓（包括市政已经设置室外消火栓）、消防水泵接合器、消防水池取水口布置。

3)雨水和污水排水系统。在建筑给排水总平面图上应明确标出雨水、污水排水干管的管径和长度,水流坡向和坡度,雨水、污水检查井井底标高与室外地面标高,雨水、污水管排入市政雨水、污水管处接合井的管径、标高。

4)热水供应水系统。在建筑给排水总平面图上应明确标出热源(锅炉、换热器等)位置或来源,建设区内热水管道的平面位置、管径、敷设的标高、阀门设置位置等。

在建筑给排水总平面图上要明确标出各种管道平面与竖向间距,化粪池及污水处理装置等与地埋式生活饮用水水池之间的距离,对于距离不符合相关规定的,应交代所采取的有效措施。

第二节　建筑给排水工程总平面图识读举例

1. 建筑给排水总平面图识读

图 3-1 为某建设区建筑给排水工程总平面图。图中给出了拟建建筑物所在建设区中的平面位置,建筑物的外形、名称、层数、标高和地面控制点标高、风向玫瑰图等基本要素;也给出了建设区内给水管道、排水管道、雨水管道以及室外消火栓和化粪池的布置情况。

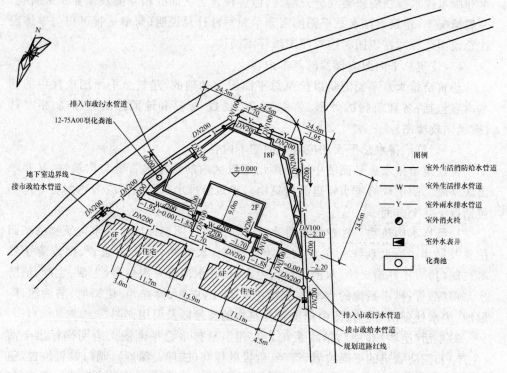

图 3-1　建筑给排水总平面图

从图 3-1 中可以看出：生活给水管道接自市政给水管道，分别由东侧和西侧接入；在室外，生活给水系统和消防给水系统合用一个系统，管道布置成环状；生活污水与雨水采用分流制排放，生活污水排入化粪池经简单处理后再排入城市排水管道；雨水直接排入城市雨水管道，雨水管管径为 $DN200$，坡度 $i=0.001$；地下室顶板结构层标高为 -0.900m，室外顶板覆土高度为 900mm；生活给水管与消防给水管覆土高度为 1 400mm。

为了更清楚地识读建筑给排水总平面图，将建筑给排水总平面图分为生活与消防给水总平面图（图 3-2）和雨水与污水排水总平面图（图 3-3）来仔细识读。

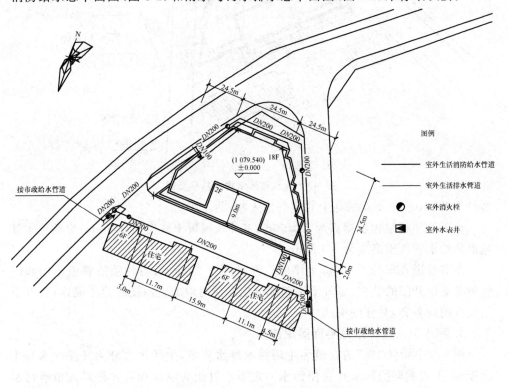

图 3-2　生活与消防给水总平面图

2. 生活与消防给水总平面图识读

图 3-2 中标注"J"的管道为生活给水管道，生活给水管道分别在建筑物的东西两侧与市政给水管道（市政自来水管）相连接。生活给水管道经水表后沿本建筑物地下室外侧形成环状布置，环状管管径为 $DN200$。生活给水管道从建筑物的南侧进入建筑物，接到生活水箱，进水管设有倒流防止器。然后由设在地下室泵房内的三套室内整体式生活供水设备（设备内含有倒流防止器）向建筑物内供水。

从图 3-2 可以看出，消防给水管道在建筑物外与给水管道共用相同管路，给水管道经水表后沿本大楼地下室外侧形成环状布置，环状管管径为 $DN200$，并在建筑物的西南侧接入地下室消防水池。在建设区内的东侧、西侧和南侧分别设一座

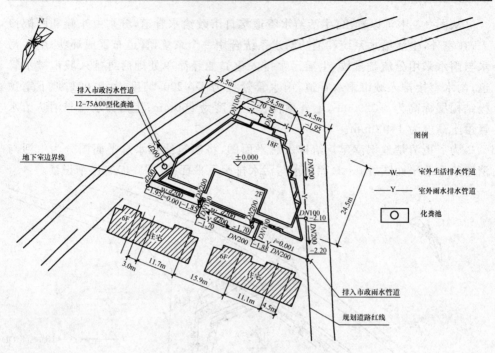

图 3-3　雨水与污水排水总平面图

型号为 SS 100/65-1.0 的地上式室外消火栓,共三座。

　　地下室顶板结构层标高为－0.90m,室外顶板覆土高度为 900mm;生活给水管与消防给水管覆土高度为 1 400mm。

　　所有管道在车行道下,覆土厚度均要求大于 700mm;各种消防管道上的阀门应带有显示开闭的装置;室外不明确部分应参照对应的室内图纸给予确定;各种引用的详图应备齐,并仔细识读。

　　3. 雨水与污水排水总平面图识读

　　图 3-3 中标注"W"的管道为生活污水排水管道,生活污水分为粪便污水和生活废水(不带粪便的污水),粪便污水一定要经过化粪池处理后才能排入市政污水管道。生活污水排水管道($DN200$)沿地下室顶板,在 900mm 覆土层内(标高－0.700～－0.900m)汇合至南侧污水管道($DN200$),再北转接入设置在建筑物东侧的化粪池。生活污水流经化粪池处理后,排入建筑物东侧市政排水管道。

　　钢筋混凝土化粪池与地下室西侧外墙距离为 1 700mm,钢筋混凝土化粪池覆土为 900mm。污水排水管道在车行道上覆土均大于 900mm。

　　污水检查井有方形和圆形两种,一般采用圆形的较多。当管道埋深 $H \leqslant$ 1 200mm时,圆形检查井的直径为 700mm;当管道埋深 $H >$ 1 200mm 时,圆形检查井的直径为 1 000mm。方形检查井的平面尺寸为 500mm×500mm。

　　编号为"Y"的管道是雨水排水管道。沿大楼的东、西、南三侧埋地敷设,雨水经雨水口汇流到该管道后,在东侧排入市政雨水管网,管径为 $DN200$。地下室集水坑中的消防废水通过编号为"F"的管道也接入该雨水管道系统。雨水检查井为圆形检查井（管道埋深 $H\leqslant1\,200$mm 时，采用 $\phi700$；管道埋深 $H>1\,200$mm 时，采用 $\phi1\,000$）。雨水口为平箅式单箅雨水口（铸铁盖板），雨水口与雨水圆形检查井连接管管径为 $DN200$，坡度 $i=0.001$。雨水排水管道在车行道上覆土均大于 900mm。

第四章 建筑给排水工程平面图识读

第一节 建筑给排水工程平面图识读要领

一、建筑给排水工程平面图的主要内容

建筑给排水工程平面图是在建筑平面图的基础上,根据给排水工程图制图的规定绘制出的用于反映给排水设备、管线的平面布置状况的图样,是建筑给排水工程施工图的重要组成部分,是绘制和识读其他建筑给排水工程施工图的基础。建筑给排水工程平面图一般有地下室给排水工程平面图、一层给排水工程平面图、中间层给排水工程平面图、屋面层给排水工程平面图。

1. 建筑给排水工程平面图的形成

(1)建筑给排水工程平面图,是用假想水平面沿房屋窗台以上适当位置水平剖切并向下投影(只投影到下一层假想面,对于底层平面图应投影到室外地面以下管道,而对于屋面层平面图则投影到屋顶顶面)而得到的剖切投影图。这种剖切后的投影不仅反映了建筑中的墙、柱、门窗洞口等内容,同时也能反映卫生设备、管道等内容。绘制建筑给排水工程平面图时应注意以下几点:

1)管线、设备用较粗的图线,建筑的平面轮廓线用细实线;

2)设备、管道等均用图例的形式示意其平面位置,但要标注出给排水设备、管道等的规格、型号、代号等内容;

3)底层给排水工程平面图应该反映与之相关的室外给排水设施的情况;

4)屋面层给排水工程平面图应该反映屋面水箱、水管等内容。

(2)对于简单工程,由于平面中与给排水有关的管道、设备较少,一般把各楼层各种给排水管道、设备等绘制在同一张图纸中;对于高层建筑及其他复杂工程,由于平面中与给排水有关的管道、设备较多,在同一张图纸中表达有困难或不清楚时,可以根据需要和功能要求分别绘出各种类型的给排水管道、设备平面等,如可以分层绘制生活给水平面图、生产给水平面图、消防给水平面图、污水排水平面图、雨水排水平面图。建筑给排水工程平面图无论各种管道是否绘制在一张图纸上,各种管道之间的相互关系都要表达清楚。

2. 建筑平面图应保留的基本内容

建筑给排水工程平面图是在建筑平面图的基础上绘制的,建筑平面图中应保留如下内容:

(1)房屋建筑的平面形式,各层主要轴线编号、房间名称、用水点位置及图例等基本内容,各楼层建筑平面标高及比例等;

（2）各层平面图中各部分的使用功能和设施布置、防火分区（防火门、防火卷帘）与人防分区划分情况等；

（3）与消防给水设计有关的场所规模（面积或体积、人员与座位数、汽车库停车数、图书馆藏书量等）参数。

3. 建筑给排水工程平面图主要反映的内容

（1）建筑给排水工程平面图主要反映的内容如下：

1）给排水、消防给水管道走向与平面布置，管材的名称、规格、型号、尺寸，管道支架的平面位置；

2）卫生器具、给排水设备的平面位置，引用大样图的索引号，立管位置及编号。通过平面图，可以知道卫生器具、立管等前后、左右关系，相距尺寸；

3）管道的敷设方式、连接方式、坡度及坡向；

4）管道剖面图的剖切符号、投影方向；

5）底层平面应有引入管、排出管、水泵接合器等，以及建筑物的定位尺寸、穿建筑外墙管道的标高、防水套管形式等，还应有指北针；

6）消防水池、消防水箱位置与技术参数，消防水泵、消防气压罐位置、形式、规格与技术参数，消防电梯集水坑、排污泵位置与技术参数；

7）自动喷水灭火系统中的喷头形式与布置尺寸、水力警铃位置等；

8）当有屋顶水箱时，屋顶给排水平面图应反映出水箱容量、平面位置、进出水箱的各种管道的平面位置、管道支架、保温等内容；

9）对于给排水设备及管道较多的处，如水泵房、水池、水箱间、热交换器站、饮水间、卫生间、水处理间、报警阀门、气体消防贮瓶间等，当平面图不能交代清楚时，应有局部放大平面图。

（2）另外，在建筑给排水工程平面图中应明确建筑物内的生活饮用水池、水箱的独立结构形式；需要设置防止回流污染的设备和场所，应明确防止回流污染的措施；明确有噪声控制要求的水泵房与给排水设备的隔振减噪措施；明确管道防水、防潮措施；明确水箱溢流管防污网罩、通气管、水位显示装置等；明确公共厨房与餐厅等处理含油废水的隔油池（器）布置情况；明确学校化学实验室、垃圾间、医院建筑、档案馆（室）和图书馆等对给排水技术的特别要求。

二、建筑给排水工程平面图的识读

1. 建筑给水工程平面图的识读

（1）建筑给水水平面图是以建筑平面图为基础（建筑平面以细线画出）表明给水管道、卫生器具、管道附件等的平面布置的图样。

（2）建筑给水工程平面布置图主要反映下列内容：

1）表明房屋的平面形状及尺寸、用水房间在建筑中的平面位置；

2）表明室外水源接口位置、底层引入管位置以及管道直径等；

3）表明给水管道的主管位置、编号、管径，支管的平面走向、管径及有关平面尺寸等；

4)表明用水器材和设备的位置、型号及安装方式等。

(3)建筑给排水管道平面图是施工图纸中最基本和最重要的图纸,常用的比例是1:100和1:50两种。它主要表明建筑物内给排水管道及卫生器具和用水设备的平面布置。图上的线条都是示意性的,另外管配件如活接头、补心、管箍等也不画出来。因此在识读图纸时还必须熟悉给排水管道的施工工艺。

(4)在识读管道平面图时,先从目录入手,了解设计说明,根据给水系统的编号,依照外管网→引入管→水表井→干管→支管→配水龙头(或其他用水设备)的顺序认真细读。然后要将平面图和系统图结合起来,相互对照识图。识图时应该掌握的主要内容和注意事项如下:

1)查明用水设备(开水炉、水加热器等)和升压设备(水泵、水箱等)的类型、数量、安装位置、定位尺寸。各种设备通常是用图例画出来的,它只能说明器具和设备的类型,而不能表示各部分的具体尺寸及构造,因此在识图时必须结合有关详图或技术资料,搞清楚这些器具和设备的构造、接管方式和尺寸。

2)弄清给水引入管的平面位置、走向、定位尺寸,以及与室外给水管网的连接形式、管径等。

给水引入管通常都注上系统编号,编号和管道种类分别写在直径约为8～10mm的圆圈内,圆圈内过圆心画一水平线,线上面标注管道种类,如给水系统写"给"或写汉语拼音字母"J",线下面标注编号,用阿拉伯数字书写,如⊕、⊕等。

给水引入管上一般都装有阀门,阀门若设在室外阀门井内,在平面图上就能完整地表示出来。这时,可查明阀门的型号及距建筑物的距离。

3)消防给水管道要查明消火栓的布置、口径大小及消防箱的形式与位置,消火栓一般装在消防箱内,但也可以装在消防箱外面。当装在消防箱外面时,消火栓应靠近消防箱安装。消防箱底距地面1.10m,有明装、暗装和单门、双门之分,识图时都要注意搞清楚。

除了普通消防系统外,在物资仓库、厂房和公共建筑等重要部位,往往设有自动喷洒灭火系统或水幕灭火系统,如果遇到这类系统,除了弄清管路布置、管径、连接方法外,还要查明喷头及其他设备的型号、构造和安装要求。

4)在给水管道上设置水表时,必须查明水表的型号、安装位置,以及水表前后阀门的设挡情况。

2. 建筑排水工程平面图的识读

(1)建筑排水施工图主要包括排水平面图、排水系统图、节点详图及说明等。

对于内容简单的建筑,其给排水可以画在相同的建筑平面图上,可用不同线条、符号、图例表示两者有别。

(2)建筑排水平面图是以建筑平面图为基础画出的,主要表示排水管道、排水管材、器材、地漏、卫生洁具的平面布置、管径以及安装坡度要求等内容。

图4-1为某建筑室内排水平面图。从图4-1中可以看出,女厕所的污水是通过

排水立管 PL1、PL2 以及排水横管排出室外的,男厕所的污水是通过排水立管 PL3、PL4 以及排水横管排出室外的。

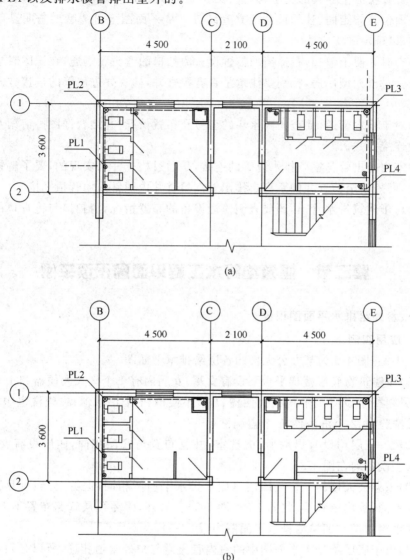

图 4-1　二、三层排水平面图

(a)底层排水平面图;(b)二、三层排水平面图

(3)建筑排水平面图的排出管通常都注上系统编号,编号和管道种类分别写在直径约为 8~10mm 的圆圈内,圆圈内过圆心画一水平线,线上面标注管道种类,排水系统写"排"或写汉语拼音字母"P"或"W",线下面标注编号,用阿拉伯数字书写,如⊕、⊕等。

(4)识读建筑排水平面图时,在同类系统中按管道编号依次阅读,某一编号的系统按水流方向顺序识图。排水系统可以依卫生洁具→洁具排水管(常设有存水弯)

→排水横管→排水立管→排出管→检查井逐步去识图。识图时要注意以下几点：

1）要查明卫生器具的类型、数量、安装位置、定位尺寸，查明排水干管、立管、支管的平面位置与走向、管径尺寸及立管编号。从平面图上可清楚地查明是明装还是暗装，以确定施工方法。

2）有时为便于清扫，在适当的位置设有清扫口的弯头和三通，在识图时也要加以考虑。对于大型厂房，特别要注意是否有检查井，检查井进出管的连接方式也要搞清楚。

3）对于雨水管道，要查明雨水斗的型号及布置情况，并结合详图搞清雨水斗与天沟的连接方式。

4）室内排出管与室外排水总管的连接，是通过检查井来实现的，要了解排出管的长度，即外墙至检查井的距离。排出管在检查井内通常采用管顶平接。

5）对于建筑排水管道，还要查明清通设备的布置情况，清扫口与检查口的型号和位置。

第二节　建筑给排水工程平面图识读举例

一、室外给排水平面图识读

1. 应用实例

图 4-2～图 4-6 为某办公大楼的各层给排水平面图。

（1）该建筑物底层楼梯平台下设有女厕，女厕内有 1 个坐式大便器和 1 个污水池；在男厕所中设有 2 个蹲式大便槽、1 个小便槽、1 个污水池；在盥洗室中设有 6 个台式洗脸盆、2 个淋浴器、1 个盥洗槽。

（2）二、三层均设有男厕所、盥洗室，并且布置与底层相同，四层设有女厕所。以上这些设备均在图 4-2～图 4-5 中。

（3）该办公大楼的二、三、四层房屋给排水平面图相同，但男、女厕所及管路布置都有不同，故均单独绘制（图 4-3～图 4-5）。另外，因屋顶层管路布置不太复杂，故屋顶水箱即画在四层给排水平面图中（图 4-5）。

（4）由于底层给排水平面图中的室内管道需与户外管道相连，所以必须单独画出一个完整的平面图（图 4-2）。各楼层（如办公大楼中心的二、三、四层）的给排水平面图，只需把有卫生设备和管路布置在盥洗房间范围的平面图画出即可，不必画出整个楼层的平面图（图 4-3～图 4-5，只绘出了轴线②～⑤和轴线 D 和 E 之间的局部平面图）。图例和说明如图 4-6 所示。

（5）每层卫生设备平面布置图中的管路，是以连接该层卫生设备的管路为准，而不是以楼、地面作为分界线的，图 4-2 所示的底层给排水平面图中，不论给水管或排水管，也不论敷设在地面以上的或地面以下的，凡是为底层服务的管道以及供应或汇集各层楼面而敷设在地面下的管道，都应画在底层给排水平面图中。同样，凡是连接某楼层卫生设备的管路,虽有安装在楼板上面的或下面的,均要画在该楼层的给排水平面图中。如图 4-3 所示,二层的管路是指二层楼板上面的给水管和楼板下面的排水管(底层顶部的),而且不论管道投影的可见性如何,都按原线型来画。

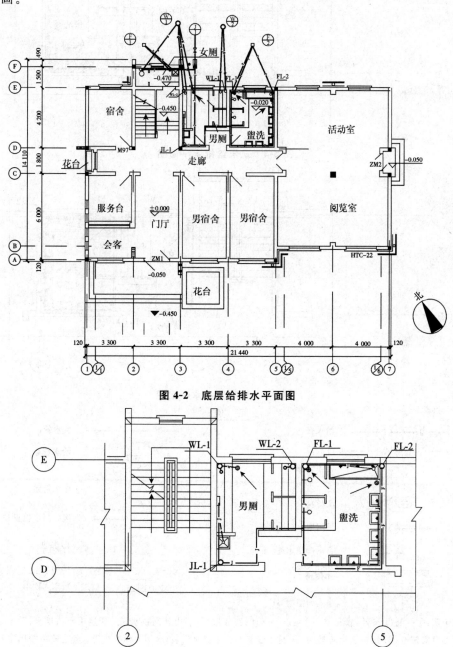

图 4-2　底层给排水平面图

图 4-3　二层给排水平面图

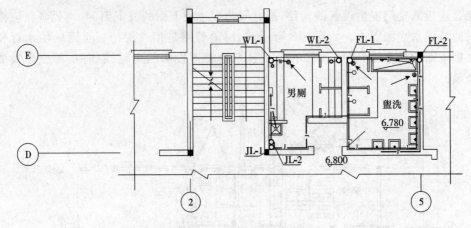

图 4-4　三层给排水平面图

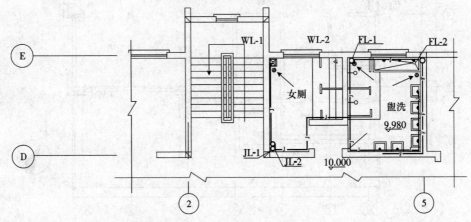

图 4-5　四层给排水平面图

图　例

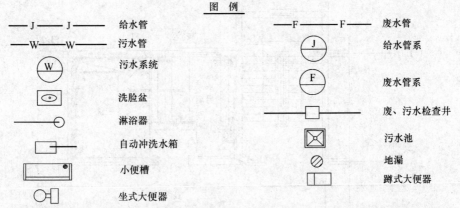

说明:①标高以 m 计,管径和尺寸均以 mm 计;②底层、二层由管网供水,三、四层由水箱供水;③卫生器具安装按《S3 给排水标准图集——排水设备与卫生器具安装》的相关标准执行。管道安装按国家验收规范执行;④屋面水管需用草绳石棉灰法保温,参见国家相关标准。

图 4-6　图例及说明

给水系统的室外引入管和污、废水管系统的室外排出管仅需在底层给排水平面图中画出,其他楼层给排水平面图中一概不需绘制。

2. 基础知识

(1)室外给排水平面图的表达。

1)主要内容。表明地形及建筑物、道路、绿化等平面布置及标高状况。

2)布置情况。表明该区域内新建和原有给排水管道及设施的平面布置、规格、数量、标高、坡度、流向等。

3)分部表达。当给排水管道种类繁多、地形复杂时,给排水管道可分系统绘制或增加局部放大图、纵断面图,以使表达的内容清楚。

(2)给排水平面图的作用。

给排水平面图是建筑给排水工程图中的最基本的图样,主要反映卫生器具、管道及其附件相对于房屋的平面位置,如图 4-2～图 4-5 所示。

(3)绘制平面图的代号的应用。

在给排水平面图中所画的房屋平面图不是用于房屋的土建施工,而仅作为管道系统各组成部分的水平布局和定位的基准。因此,仅需抄绘房屋的墙身、柱、门窗洞、楼梯、台阶等主要构配件,至于房屋的细部及门窗代号等均可省去。底层给排水平面图要画全轴线,楼层给排水平面图可仅画边界轴线。

建筑物轮廓线、轴线号、房间名称、制图比例等均应与建筑专业一致,并用细实线绘制。各类管道、用水器具及设备、消火栓、喷洒头、雨水斗、阀门、附件、立管等的位置应按图例以正投影法绘制在平面图上,线型按规定执行。抄绘房屋平面图的步骤如下:

1)根据民用房屋或工业房屋的室内给排水设计的要求,首先得确定所须抄绘房屋平面图的层数和部位,选用适当的比例,各层平面图尽可能布置在同一张图纸内,以便于对照。

2)如采用与房屋建筑图相同的比例,则可将描图纸直接覆盖在蓝图上描绘。先抄绘底层房屋平面图的墙、柱等定位轴线,再画出各楼层所需盥洗房屋平面图的墙、柱等定位轴线。

3)画出墙柱和门窗,不画门扇及窗台。

4)抄绘楼梯、台阶、明沟以及底层平面图的指北针等。

5)标注轴线编号及轴线间尺寸,但不必抄绘门窗尺寸及外包总尺寸,标注室内外地面、楼面以及盥洗房屋的标高。在图 4-2 中,注意厕所的地面标高,为了防止积水外溢,它比室内地面低 0.020m,其他各楼面也如此。

(4)给排水平面图绘制过程中的注意事项。

1)房屋的水平方向尺寸,一般在底层给排水平面图中,只需注出其轴线间尺寸。至于标高,只需标注室外地面的整平标高和各层地面标高。

2)卫生器具和管道一般都是沿墙、靠柱设置的,所以,不必标注其定位尺寸。

必要时,以墙面或柱面为基准标出。卫生器具的规格可用文字标注在引出线上,或在施工说明中写明。

3)管道的长度在备料时只需用比例尺从图中近似量出,在安装时则以实测尺寸为依据,所以图中均不标注管道的长度。至于管道的管径、坡度和标高,因给排水平面图不能充分反映管道在空间的具体布置、管路连接情况,故均在给排水系统图中予以标注,给排水平面图中一概不标(特殊情况除外)。

二、室内给排水平面图识读

1. 应用实例

图 4-7 所示为某工厂宿舍室内给排水平面图。

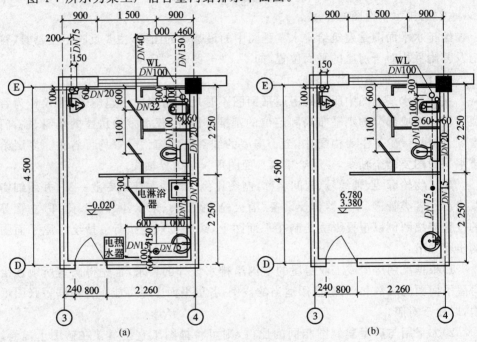

图 4-7 某工厂宿舍室内给排水平面图

(a)首层男卫生间;(b)二、三层男卫生间

2. 实例识读

室内给排水平面图:

(1)底层平面图。给水从室外到室内,需要从首层或地下室引入。所以通常应画出用水房间的底层给水管网平面图,如图 4-7 所示,由图可见给水是从室外管网经 E 轴北侧穿过 E 轴墙体之后进入室内,并经过立管 JL-1~JL-2 及各支管向各层输水。

(2)楼层平面图。如果各楼层的盥洗用房和卫生设备及管道布置完全相同,则只需画出一个相同楼层的平面布置图。但在图中必须注明各楼层的层次和标高,如图 4-7 所示。

(3)屋顶平面图。当屋顶设有水箱及管道布置时,可单独画出屋顶平面图。但如管道布置不太复杂,顶层平面布置图中又有空余图面,与其他设施及管道不致混淆时,则可在最高楼层的平面布置图中,用双点长画线画出水箱的位置;如果屋顶无用水设备,则不必画屋顶平面图。

（4）标注。为使土建施工与管道设备的安装能互为核实,在各层的平面布置图上均需标明墙、柱的定位轴线及其编号,并标注轴线间距。管线位置尺寸不标注,如图 4-7 所示。

第五章　建筑给排水工程系统图识读

第一节　建筑给排水工程系统图识读要领

一、系统图的主要内容

建筑给排水管道系统图与建筑给排水工程平面图相辅相成,互相说明又互为补充,反映的内容是一致的,只是反映的侧重点不同。

建筑给排水管道系统图主要有两种表达方式,一种是系统轴测图,另一种是展开系统原理图。

1. 系统轴测图的主要内容

(1)系统的编号。轴测图的系统编号应与建筑给排水工程平面图中编号一致。

(2)管径。在建筑给排水工程平面图中,水平投影不具有积聚性的管道可以表示出管径的变化,但对于立管,因其投影具有积聚性,因此,无法表示出管径的变化。在系统轴测图上任何管道的管径变化均可以表示出来,所以,系统轴测图上应标注管道管径。

(3)标高。系统轴测图上应标注出建筑物各层的标高、给排水管道的标高、卫生设备的标高、管件的标高、管径变化处的标高、室内外建筑平面高差、管道埋深等。

(4)管道及设备与建筑的关系。系统轴测图上应标注出管道穿墙、穿地下室、穿水箱、穿基础的位置,卫生设备与管道接口的位置等。

(5)管道的坡向及坡度。管道的坡度值无特殊要求时,可参见说明中的有关规定,若有特殊要求则应在图中注明,管道的坡向用箭头注明。

(6)重要管件的位置。在平面图中无法示意的重要管件,如给水管道中的阀门、污水管道中的检查口等,应在系统图中明确标注。

(7)与管道相关的有关给排水设施的空间位置。系统轴测图上应标注出屋顶水箱、室外贮水池、加压设备、室外阀门井等与给水相关的设施的空间位置,以及室外排水检查井、管道等与排水相关的设施的空间位置。

(8)分区供水、分质供水情况。对于采用分区供水的建筑,系统图要反映分区供水区域;对于采用分质供水的建筑,应按不同水质,独立绘制各系统的供水系统图。

(9)雨水排水情况。雨水排水系统图要反映走向、落水口、雨水斗等内容。雨水排至地下以后,若采用有组织排水,还应反映排出管与室外出口井之间的空间关系。

展开系统原理图比系统轴测图简单,一般没有比例关系,是用二维平面关系来替代三维空间关系的,目前使用较多。

2. 展开系统原理图主要内容

(1)应标明立管和横管的管径、立管编号、楼层标高、层数、仪表及阀门、各系统编号、各楼层卫生设备和工艺用水设备的连接。

(2)应标明排水管立管检查口、通风帽等距地(板)高度等。

(3)对于各层(或某几层)卫生设备及用水点接管(分支管段)情况完全相同的建筑,在展开系统原理图中只绘一个有代表性楼层的接管图,其他各层注明同该层即可。

(4)当自动喷水灭火系统在平面图中已将管道管径、标高、喷头间距和位置标注清楚时,可简化表示从水流指示器至末端试水装置(试水阀)等阀件之间的管道和喷头。

简单管段在平面上注明管径、坡度、走向、进出水管位置及标高,可不绘制系统图。

二、系统图的绘制与识读

1. 系统轴测图的绘制

系统轴测图是采用轴测投影原理绘制的,能够反映管道、设备等三维空间关系的立体图。

系统轴测图有正等轴测投影图和斜等轴测投影图两种。

(1)管道正等轴测图。

管道正等轴测图的绘制是把在空间中的物体的轮廓线分左右向(横向)、前后向(纵向)、上下向(立向)三个方向,且依次对应为 X 向、Y 向、Z 向,X、Y、Z 向线相交于 O 点,形成 XOY、XOZ、YOZ 三个平面,并使 $\angle YOZ = \angle XOZ = \angle XOY = 120°$,如图 5-1 所示。

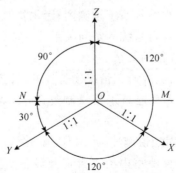

图 5-1　正等轴测图表示法

管道正等轴测图的画法是:横向(左右向)管线右下斜,纵向(前后向)管线左下斜,立向(上、下向)管线方向仍不变。管线间距同平面图、立面图,看得见的管线不断开,看不见的管线处要断开。

(2)管道斜等轴测图。

管道斜等轴测图与正等轴测图的主要区别是左右 X 向（横向）和前后 Y 向（纵向）相交 135°，左右 X 向和上下 Z 向（立向）相交 90°，X、Y、Z 向线相交于 O 点，形成 XOY、XOZ、YOZ 三个平面，如图 5-2 所示。

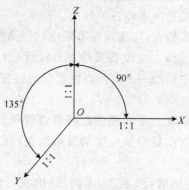

图 5-2　斜等轴测图表示法

管道斜等轴测图的画法是：左右向（横向）管线方向不变，前后向（纵向）管线左下斜，上下向（立向）管线方向也不变。管线间距同平面图、立面图，看得见的管线不断开，看不见的管线处要断开。

管道斜等轴测图在建筑给排水系统轴测图中应用较多。

建筑给排水系统轴测图一般按照一定的比例（不易表达清楚时，局部可不按比例）用单线表示管道，用图例表示设备。在系统轴测图中，上下关系是与层（楼）高相对应的，而左右、前后关系会随轴测投影方位的不同而变化。在绘制系统轴测图时，通常把建筑物的南面（或正面）作为前面，把建筑物的北面（或背面）作为后面，把建筑物的西面（或左侧面）作为左面，把建筑物东面（或右侧面）作为右面。

建筑给排水系统轴测图主要包括：生活（生产）给水系统轴测图、室内消火栓给水系统轴测图、自动喷水灭火给水系统轴测图、污水排水系统轴测图和雨水排水系统轴测图等，它们分别表示各自系统的空间关系。一般情况下，一种系统轴测图能反映这种系统从下到上全方位的关系。

系统轴测图的优点是与实际施工情况吻合性好，管道空间关系清晰；缺点是绘制较为复杂、耗时，特别是大型建筑工程绘制复杂，不易识别，并且随平面图的改变，修改起来工作量很大。

2. 室内给水系统轴测图的识读

(1)室内给水系统图是反映室内给水管道及设备空间关系的图样。识读给水系统图时，可以按照循序渐进的方法，从室外水源引入处入手，顺着管路的走向，依次识读各管路及用水设备。也可以逆向进行，即从任意一用水点开始，顺着管路，逐个弄清管道、设备的位置，管径的变化以及所用管件等内容。

(2)管道轴测图绘制时，遵从了轴测图的投影法则。两管轴测投影相交叉，位于上方或前方的管道线连续绘制,而位于下方或后方的管道线则在交叉处断开。如为偏置管道,则采用偏置管道的轴测表示法(尺寸标注法或斜线表示法)。

(3)给水管道系统图中的管道采用单线图绘制,管道中的重要管件(如阀门)在图中用图例示意,而更多的管件(如补芯、活接、短接、三通、弯头等)在图中并未作特别标注。因此要求读者熟练掌握有关图例、符号、代号的含意,并对管路构造及施工程序有足够的了解。

3. 室内排水系统轴测图的识读

(1)室内排水系统图是反映室内排水管道及设备空间关系的图样。室内排水系统从污水收集口开始,经由排水支管、排水干管、排水立管、排出管排出。其图形形成原理与室内给水系统图相同。图中排水管道用单线图表示。因此在识读排水系统图之前,同样要熟练掌握有关图例、符号的含意。室内排水系统图示意了整个排水系统的空间关系,重要管件在图中也有示意。而许多普通管件在图中并未标注,这就需要读者对排水管道的构造情况有足够了解。有关卫生设备与管线的连接、卫生设备的安装大样也通过索引的方法表达,而不在系统图中详细画出。排水系统图通常也按照不同的排水系统单独绘制。

(2)在识读建筑排水系统图时,可以按照卫生器具或排水设备的存水弯、器具排水管、排水横管、立管和排出管的顺序进行,依次弄清排水管道的走向、管路分支情况、管径尺寸、各管道标高、各横管坡度、存水弯形式、通气系统形式以及清通设备位置等。

识读建筑排水系统图时,应重点注意以下几个问题:

1)最低横支管与立管连接处至排出管管底的垂直距离;

2)当排水立管在中间层竖向拐弯时,应注意排水支管与排水立管、排水横管连接的距离;

3)通气管、检查口与清扫口设置情况;

4)伸顶通气管伸顶高度,伸顶通气管与窗、门等洞口垂直高度(结合水平距离);

5)卫生器具、地漏等水封设置的情况,卫生器具是否为内置水封以及地漏的形式等。

4. 展开系统原理图绘制与识读

(1)展开系统原理图是用二维平面关系来替代三维空间关系,虽然管道系统的空间关系无法得到很好的表达,但却加强了各种系统的原理和功能表达,能够较好地、完整地表达建筑物的各个立管、各层横管、设备、器材等管道连接的全貌。展开系统原理图绘制时一般没有比例关系,而且具有原理清晰、绘制时间短、修改方便等诸多优点,因此,在设计中被普遍采用。

(2)对于展开系统原理图无法表达清楚的部分,应通过其他图纸加强来弥补,如放在给排水平面图和大样图中来表达或采用标准图集来表达。

三、系统图识读应注意的共性问题

建筑给排水系统图是反映建筑内给排水管道及设备空间关系的图样,识读时要与建筑给排水系统平面图等结合,并要注意以下几个共性问题:

(1)对照检查编号。检查系统编号与平面编号是否一致。

(2)阅读收集管道基本信息。主要包括管道的管径、标高、走向、坡度及连接方式等。在系统图中,管径的大小通常用公称直径来标注,应特别注意不同管材有时在标注上是有区别的,应仔细识读管径对照表;图中的标高主要包括建筑标高、给排水管道的标高、卫生设备的标高、管件的标高、管径变化处的标高以及管道的埋设深度等;管道的埋设深度通常用负标高标注(建筑常把室内一层或室外地坪确定为±0.000);管道的坡度值,在通常情况下可参见说明中的有关规定,有特殊要求时则会在图中用箭头注明管道的坡向。

(3)明确管道、设备与建筑的关系。主要是指管道穿墙、穿地下室、穿水箱、穿基础的位置以及卫生设备与管道接口的位置等。

(4)明确主要设备的空间位置。如屋顶水箱、室外储水池、水泵、加压设备、室外阀门井、室外排水检查井、水处理设备等与给排水相关的设施的空间位置等。

(5)明确各种管材伸缩节等构造措施。对采用减压阀减压的系统,要明确减压阀后压力值,比例式减压阀应注意其减压比值;要明确在平面图中无法表示的重要管件的具体位置,如给水立管上的阀门、污水立管上的检查井等。

第二节　建筑给排水工程系统图识读举例

一、室外给排水系统图识读

1. 应用实例

图 5-3~图 5-5 所示为某办公中心的给排水系统图,以该图为例,对给排水系统图进行识读。

(1)根据水流流程方向,一般可按引入管、干管、立管、横管、支管、配水器具等顺序进行。如设有屋顶水箱分层供水时,则立管穿过各楼层后进入水箱,再从水箱出水管、干管、立管、横管、支管、配水器具等顺序进行。

由图 5-2 和图 5-3 可以看到:⊕管道系统的室外总引入管为 $DN50$,其上装一闸阀,管中心标高为 -0.950m。后分两支:其中一根 $DN50$ 向南穿过 E 轴墙入男厕,另一根向西穿过③轴墙入女厕。$DN50$ 的进水管进入男厕后,在墙内侧升高至标高 -0.220m 后接水平干管弯至③轴与 D 轴的墙角处而后穿出底层地面(-0.020m)成为立管 JL-1($DN50$)。在 JL-1 标高为 2.380m 处接一根沿③轴墙 $DN15$ 的支管,其上接放水龙头 1 只,小便槽冲洗水箱 1 个;在 JL-1 标高为 2.730m 处接一根沿男厕南墙 $DN32$ 的支管,该支管沿男厕墙脚布置,其上接大便槽冲洗水箱 1 个,而后该管穿过④轴墙进入盥洗室,分为两根 $DN25$ 的支管,其中一根降至

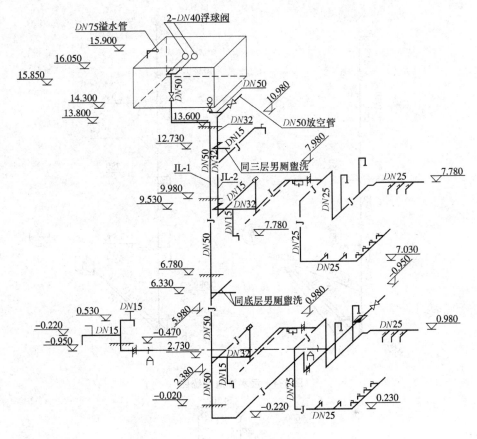

图 5-3 给水管道系统图

标高为 0.230m,上接洗脸盆 6 个,其中一根降至标高为 0.980m,其上分别接装淋浴器 2 个和放水龙头 3 只。

由图 5-3 可以看出:立管 JL-1 在标高为 3.580m 处穿出二层楼面,此后的读图就应配合二层给排水平面图来读。JL-1 的位置亦在③轴墙与 D 轴墙的墙角处,在 JL-1 标高为 5.980m 处接一 DN15 的支管,6.330m 处接一 DN32 的支管,这两支管以后的布置与底层男厕、盥洗室相同,这里不再重复。在图中也可用文字说明,而省略部分图示。

(2)从供水方面来说:一、二层厕所均由立管 JL-1 供水,即是室外直接供水。三、四层厕所则由从水箱而来的设在墙角的立管 JL-2 供水,即是水箱供水。立管 JL-1 已通向屋顶水箱。

(3)废、污水系统的流程正好与给水系统的流程相反,一般可按卫生器具或排水设备的存水弯、器具排水支管、排水横管、立管、排出管、检查井(窨井)等的顺序进行。通常先在底层给排水平面图中看清各排水管道系统和各楼面、地面的立管,接着看各楼层的立管是如何伸展的。

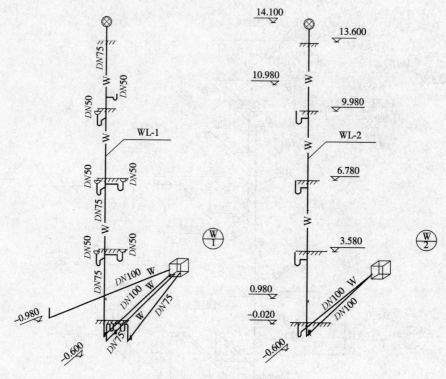

图 5-4　污水管道系统图

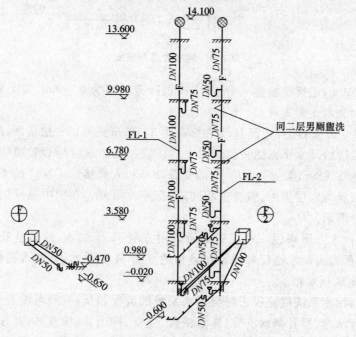

图 5-5　废水管道系统图

图 5-4 中以⑨为例识读。配合底层给排水平面图可知：本系统有两根排出管，起点标高均为－0.600m，其中一根为底层男厕大便器的污水单独排放管，它是由一根 DN100 的管道直接排入检查井，另一根是由立管 WL-2 排出的，WL-1 的位置在④轴墙和 E 轴墙的墙角，这样可在各楼层给排水的平面图中的同一位置找到 WL-2。

配合各层给排水平面图可知：四层的女厕，三层、二层男厕大便槽的污水都在各层楼面下面，经 DN100 的 P 字存水弯管排入立管，WL-2 的管径为 DN100，立管一直穿出屋面，顶端标高为 14.100m 处装有一通气帽，在标高为 10.980m 和 0.980m 处各装一检查口，底层无支管接入立管。排出管的管径也为 DN100。

2. 基础知识

（1）给排水系统图的表达内容。

给排水平面图主要显示室内给排水设备的水平安排和布置，而连接各管路的管道系统因其在空间转折较多、上下交叉重叠，往往在平面图中无法完整且清楚地表达。因此，需要有一个同时能反映空间三个方向的图来表示，这种图被称为给排水系统图（或称管系轴测图）。给排水系统图能反映各管道系统的管道空间走向和各种附件在管道上的位置。

（2）给排水系统图的特点。

1）比例。

一般采用的比例为 1∶100。当管道系统较简单或复杂时，也可采用 1∶200 或 1∶50，必要时也可不按比例绘制。总之，视具体情况而定，以能清楚表达管路情况为准。

2）轴向和轴向变形系统。

为了完整、全面地反映管道系统，故选用能反映三维情况的轴测图来绘制管道系统图。目前我国一般采用正面斜轴测图，即 $O_P X_P$ 轴处于水平位置；$O_P Z_P$ 轴垂直于 $O_P X_P$；$O_P Y_P$ 轴一般与水平线组成 45°的夹角（有时也可为 30°或 60°），如图 5-6 所示。三轴的轴向变形系数 $P_X = P_Y = P_Z = 1$。管道系统图的轴向要与管道平面图的轴向一致，也就是说 $O_P X_P$ 轴与管道平面图的水平方向一致，$O_P Z_P$ 轴与管道平面图的水平方向垂直。

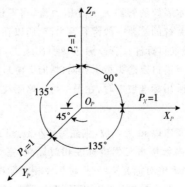

图 5-6　三等正面斜轴测图

根据正面斜轴测图的性质,在管道系统图中,与轴测轴或 $X_PO_PZ_P$ 坐标平面平行的管道均反映实长,与轴测轴或 $X_PO_PZ_P$ 坐标平面不平行的管道均不反映实长。所以,作图时,这类管路不能直接画出。为此,可用坐标定位法。即将管段起、止两个端点的位置,分别按其空间坐标在轴测图上一一定位,然后连接两个端点即可。

(3)管道系统。

1)各给排水系统图的编号应与底层给排水平面图中相应的系统编号相同。

2)给排水系统图一般应按系统分别绘制,这样可避免过多的管道重叠和交叉,但当管道系统简单时,有时可画在一起。

3)管道的画法与给排水平面图一样,用各种线型来表示各个系统。管道附件及附属构筑物也都用图例表示。当空间交叉的管道在图中相交时,应鉴别其可见性,可见管道画成连续,不可见管道在相交处断开。当管道被附属构筑物等遮挡时,可用虚线画出,此虚线粗度应与可见管道相同,但分段比表示污、废水管的线型短些,以示区别。

4)在给排水系统图中,当管道过于集中,无法画清楚时,可将某些管道断开,移至别处画出,并在断开处用细点画线(0.25b)连接。

5)在排水系统图上,可用相应图例画出用水设备上的存水弯管、地漏或连接支管等。排水横管虽有坡度,但由于比例较小,不易画出坡降,故仍可画成水平管路。所有卫生设备或用水器具,已在平面图中表达清楚,故在排水系统图中就没有必要再画出。

(4)管径、坡度、标高见表 5-1。

表 5-1　管径、坡度、标高

项　　目	内　　容
管径	各管段的直径可直接标注在该管段旁边或引出线上。管径尺寸应以 mm 为单位。给水管和排水管的管径均需标注"公称直径",即在管径数字前应加以代号"DN",如 $DN50$ 表示公称直径为 50mm
坡度	给水系统的管路因为是压力流,当不设置坡度时,可不标注坡度。排水系统的管路一般都是重力流,所以在排水横管的旁边都要标注坡度,坡度可标注在管段旁边或引出线上,在坡度数字前须加代号"i",数字下边再以箭头指示坡向(指向下游),如 $i=0.05$。当污、废水管的横管采用标准坡度时,在图中可省略不注,而在施工说明中写明即可
标高	标高应以 m 为单位,宜注写到小数点后第三位。 　　室内给排水工程应标注相对标高;室外给排水工程宜标注绝对标高,当无绝对标高资料时,可标注相对标高,但应与总图专业一致。管道系统图中标注的标高都是相对标高,即以底层室内地面作为标高

续表

项 目	内 容
标高	±0.000m。在给水系统图中,标高以管中心为准,一般要求注出横管、阀门、放水龙头、水箱等各部位的标高。在污、废水管道系统图中,横管的标高以管底为准,一般只标注立管上的通气网罩、检查口和排出管的起点标高,其他污、废水横管的标高一般由卫生器具的安装高度和管件的尺寸所决定,所以不必标注。 当有特殊要求时,亦应标出其横管的起点标高。此外,还要标注室内地面、室外地面、各层楼面和屋面等的标高

(5)房屋构件的表示。

为了反映管道与房屋的联系,在给排水系统图中还要画出被管道穿过的墙、梁、地面、楼面和屋面的位置,其表示方法如图 5-7 所示。这些构件的图线均用细线(0.25b)画出,中间画斜向图例线。如不画图例线时,也可在描图纸背面,以彩色铅笔涂以蓝色或红色,使其在晒成蓝图后增深其色泽而使阅图醒目。

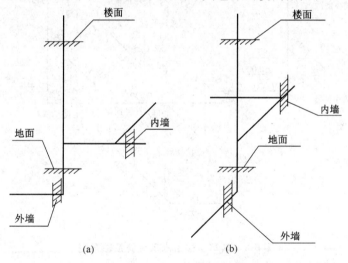

图 5-7 管道系统图中房屋构件的画法

(6)给排水系统图的识读方法。

1)给排水系统图一般采用与房屋的卫生器具平面布置图或生产车间的配水设备平面布置图相同的比例,即常用 1:100 和 1:50,各个布图方向应与平面布置图的方向一致,以使两种图样对照联系,便于阅读。

2)给排水系统图中的管路也都用单线表示,其图例及线型、图线宽度等均与平面布置图相同。

3)当管道穿越地坪、楼面及屋顶、墙体时,可示意性地以细线画成水平线,下面加剖面斜线表示地坪。两竖线中加斜线表示墙体。

（7）给排水平面图和给排水系统图应统一列出图例，其大小要与图中的图例大小相同。

二、室内给排水系统图识读

1. 应用实例

（1）某写字楼给水系统管系轴测图，如图 5-8 所示。

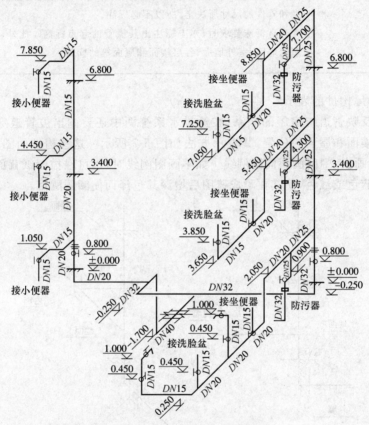

图 5-8　某写字楼给水系统管系轴测图

（2）某学校宿舍室内排水系统轴测图，如图 5-9 所示。

2. 实例识读

（1）室内给排水系统管系轴测图。

1）该写字楼给水引入管位于北侧，给水干管的管径为 $DN40$。

2）从标高为 -1.700m 处水平穿墙进入室内，之后分别由两条变径立管 JL-1、JL-2 穿越首层地面及一、二层楼板进行配水。

3）JL-1 的管径由 $DN20$ 变为 $DN15$，JL-2 的管径则由 $DN32$ 变为 $DN25$，其余支管的管径分别为 $DN15$、$DN20$、$DN25$，各支管的管道标高可由图中直接读取。

（2）室内排水系统轴测图。

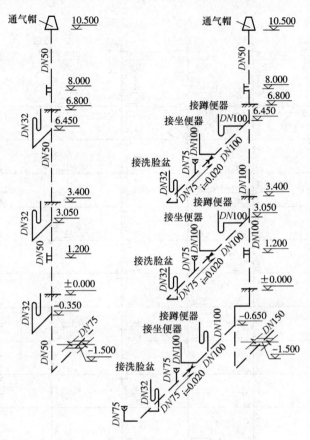

图 5-9 某学校宿舍室内排水系统轴测图

1)污水及生活废水由用水设备流经水平管到污水立管及废水立管,最后集中到总管排出室外至污水井或废水井。

2)排水管管径比较大,比如接坐便器的管径为 *DN*100,与污水立管 WL-1 相连的各水平支管均向立管找坡,坡度均为 0.020,各总管的管径分别为 *DN*75、*DN*150。

3)系统图中各用水设备与支管相连处都画出了 U 形存水弯,其作用是使 U 形管内存有一定高度的水,以封堵下水道中产生的有害气体,避免其进入室内,影响环境。

4)室内排水管网轴测图在标注内容时,应注意以下方面:

①公称直径。管径给排水管网轴测图,均应标注管道的公称直径。

②坡度。排水管线属于重力流管道,因此各排水横管均需标注管道的坡度,一般用箭头表示下坡的方向。

③标高。排水横管应标注管内底部相对标高值。

3. 建筑排水展开系统原理图的识读

某建筑的污水排水展开系统原理图如图 5-10 所示。该建筑污水排水系统分

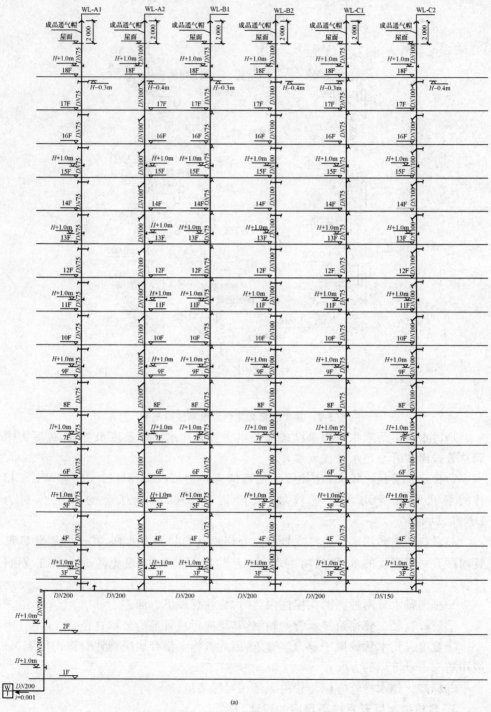

(a)

图 5-10

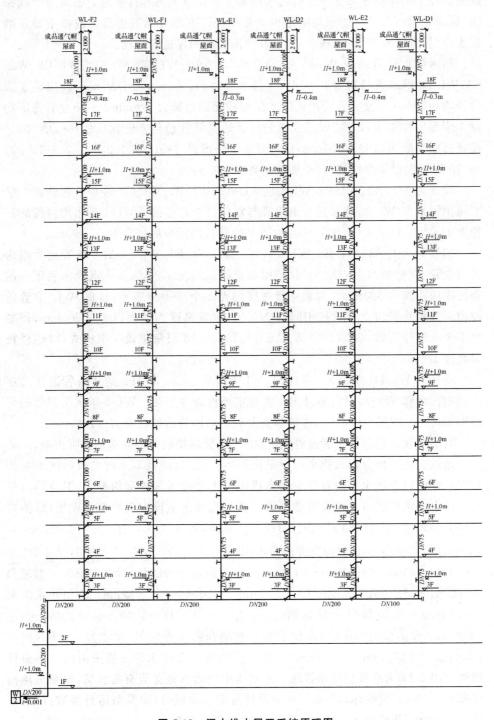

图 5-10　污水排水展开系统原理图

成地面以上污水排水和地下室的污水排水。地面以上污水排水分为公寓卫生间排水、厨房排水两部分。排水均采用单立管系统。下面按照卫生器具或排水设备的存水弯、器具排水管、排水横管、立管和排出管的顺序进行识读。

污水排水管道采用 W 标注。编号为 WL-A2、WL-B2、WL-C2、WL-D2、WL-E2、WL-F2 的 6 条管道为卫生间污水排水立管,其管径均为 DN100。每层横支管管径均为 DN100,接入点管内底距本层楼板面的距离为 400mm。每根立管每层均设 1 个专用伸缩节,每根"WL"立管的伸顶通气管管径与立管管径相同(DN100),设置高度为屋面以上 2 000mm,顶端设 1 个伞形通气帽。在 1、2、3、5、7、9、11、13、15、18 层每层设 1 个检查口(距楼板面高度 1.0m)。

编号为 WL-A1、WL-B1、WL-C1、WL-A2、WL-B2、WL-C2 的 6 条管道在二层汇到主污水管 WL 1,然后通过出户管与室外检查井连接。WL-1 排水出户管的管径为 DN200,坡度 $i=0.001$,连接检查井处管口的管内底标高为 −1.600m。

编号为 WL-A1、WL-B1、WL-C1、WL-D1、WL-E1、WL-F1 的 6 条管道为厨房排水立管,其管径均为 DN75。每层横支管管径均为 DN50,接入点管内底距本层楼板面的距离为 300mm。每根立管每层均设 1 个专用伸缩节,每根"WL"立管的伸顶通气管管径与立管管径相同(DN100),设置高度为屋面以上 1 000mm,顶端设 1 个伞形通气帽。在 1、2、3、5、7、9、11、13、15、18 层每层设 1 个检查口(距楼板面高度 1.0m)。

编号为 WL-D1、WL-E1、WL-F1、WL-D2、WL-E2、WL-F2 的 6 条管道在二层汇到主污水管 WL-2,然后通过出户管与室外检查井连接。WL-2 排水出户管的管径为 DN200,坡度 $i=0.001$,连接检查井处管口的管内底标高为 −1.600m。

高层建筑物塑料排水管道管径 ≥DN110,穿越楼层时均要求加设阻火圈。

建筑物地下部分污水排水一般采用压力式排水,就是集水坑加排污潜水泵的方式。地面以下污水一般有卫生器具排出污水和设备等渗漏的废水,卫生器具排出的污水集水坑还需考虑设置通气管。本工程地下室设有五处排水设施,即消防电梯下的集水坑(位于 ⓚ～ⓝ 轴和 ⑪～⑫ 轴间,尺寸为 $L×B×H=1\,500mm×1\,200mm×2\,500mm$)、滤毒室旁的集水坑(位于 ⓚ～ⓝ 轴和 ⑩～⑪ 轴间,尺寸为 $L×B×H=1\,000mm×1\,000mm×1\,000mm$)、消防水池旁的集水坑(位于 ⓐ～ⓑ 轴和 ⑦～⑧ 轴间,尺寸为 $L×B×H=1\,500mm×1\,200mm×1\,500mm$)、洗消污水集水坑(位于 ⓐ～ⓑ 轴和 ⑱～㉒ 轴间,尺寸为 $L×B×H=1\,000mm×1\,000mm×1\,000mm$)和楼梯间内集水坑(位于 ⓐ～ⓑ 轴和 ㉒～㉓ 轴间,尺寸为 $L×B×H=1\,000mm×1\,000mm×1\,000mm$)五处。排污潜水泵排水管一般采用内外热镀锌钢管。图 5-11 为水泵房排水设施。水泵房中消防水池旁设有集水坑,水泵房地面标高 −5.000m,坑底标高 −6.000m,设排污潜水泵两台(水泵的运行参数:停泵水位 −5.700m,开单台水泵水位 −5.100m,开两台水泵水位 −5.000m),一备一用。排污潜水泵出水管管径为 DN80,穿剪力墙处管内底标高为 −1.600m,预埋防水套管应对照地下室给排水平面图标注尺寸。在排水立管上分别安装了铜芯闸阀、止回阀（滑道滚球式排水专用单向阀）和橡胶接头。铜芯闸阀用于检修,止回阀（滑道滚球式排水专用单向阀）是为了防止污水倒灌,橡胶接头是为了减小水泵振动和噪声。

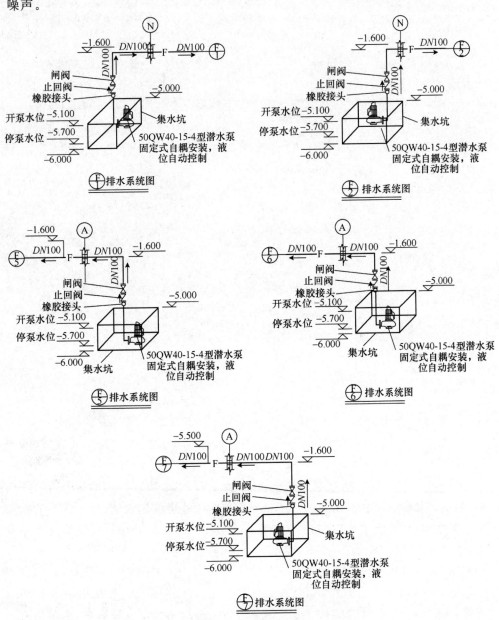

图 5-11　水泵房排水设施

　　另外,污水排水展开系统原理图的识读应与建筑给排水平面图、相对应的大样图、设计总说明、管道安装的技术规程等相结合,准确地预留各种洞口位置和大小,各层接出横支管的位置、大小和方向等。

第六章　建筑给排水工程详图识读

第一节　给排水工程布置详图识读

一、给排水工程详图类型

建筑给排水工程平面图和建筑给排水工程系统图的比例较小，管道附件、设备、仪表及特殊配件等不能按比例绘出，常常用图例来表示。因此，在建筑给排水工程平面图和建筑给排水工程系统图中，无法详尽地表达管道附件、设备、仪表及特殊配件等的式样和种类。为了解决这个问题，在实际工程中，往往要借助于建筑给排水工程详图（建筑给排水工程的安装大样图）来准确反映管道附件、设备、仪表及特殊配件等的安装方式和尺寸。

建筑给排水工程详图有两类，见表 6-1。

表 6-1　建筑给排水工程详图类型

项　目	内　容
引自有关标准图集	为了使用方便，国家相关部门编写了许多有关给排水工程的标准图集或有关的详图图集，供设计或施工时使用。一般情况下，管道附件、设备、仪表及特殊配件等的安装图，可以直接套用给排水工程国家标准图集或有关的详图图集，无需自行绘制，只需注明所采用图集的编号即可，施工时可直接查找和使用
由设计人员绘制出	当没有标准图集或有关的详图图集可以利用时，设计人员应绘制出建筑给排水工程详图，以此作为施工安装的依据

在建筑给排水工程施工图中常见的详图主要有卫生间布置详图、厨房与阳台布置详图、管道井布置详图、排污潜水泵布置详图、水箱布置详图、水池与泵房布置详图等。

二、卫生间、厨房与阳台布置详图识读

卫生器具的布置与管道的敷设应根据使用场所的平面尺寸、所需选用的卫生器具类型和需要布置卫生器具的情况确定。既要考虑使用方便，又要考虑管线短，排水通畅，便于维护。

图 6-1 为某建筑物中 B 户型与 C 户型卫生间、厨房与阳台平面详图。B 户型与 C 户型卫生间内主要卫生器具有台式洗脸盆、坐式大便器；厨房内主要卫生器具有洗涤池（盆）；阳台主要卫生器具为洗衣机。在平面详图中，可以确定各卫生器具

布置与排水管口的预留洞位置,如台式洗脸盆、坐式大便器、洗涤池(盆)与洗衣机等放置的具体位置;台式洗脸盆、坐式大便器、洗涤池(盆)与地漏排水管口的预留洞位置。

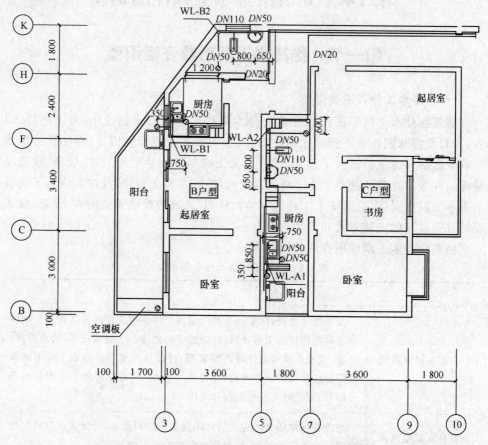

图 6-1　B 户型、C 户型卫生间、厨房与阳台管道平面详图

图 6-2 为 B 户型与 C 户型卫生间、厨房与阳台给水支管轴测图。从图中可以看出给水支管的走法与安装高度。

B 户型卫生间中给水支管[DN20 沿走道顶板梁下走,入户后沿墙内向下至卫生间楼板面 1.0m(H+1.0m)]接向卫生间内各用水点。第一分支管(DN15)接台式洗脸盆[安装高度距楼板面 1.0m(H+1.0m)],然后接坐式大便器(大便器未安装,故预留给水管);第二分支管(DN15)埋地敷设至厨房后,接厨房洗涤池(盆)[龙头安装高度距楼板面 1.0m(H+1.0m)],然后接洗衣机给水管(预留)。

C 户型卫生间中给水支管(DN20)沿走道顶板梁下走,入户后沿墙内向下至卫生间楼板面后埋地敷设,向卫生间内各用水点布置,第一分支管(DN15)接坐式大便器(大便器未安装,故预留给水管);第二分支管(DN15)接台式洗脸盆[安装高度距楼板面 1.0m(H+1.0m)],支管埋地敷设至厨房;第三分支管接厨房洗涤池

（盆）［龙头安装高度距楼板面 1.0m（$H+1.0$m）］，第四分支管接厨房洗涤池（盆）［龙头安装高度距楼板面 1.0m（$H+1.0$m）］。

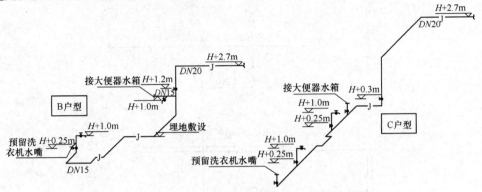

图 6-2　B 户型、C 户型卫生间、厨房与阳台给水支管轴测图

B 户型与 C 户型卫生间、厨房与阳台排水支管轴测图如图 6-3 所示。编号为"WL-B1"和"WL-C1"的排水立管分别为 B 户型和 C 户型厨房内的排水立管，厨房排水立管管径为 $DN75$，厨房排水支管管径为 $DN50$，排水支管在距楼板面 300mm 处与排水立管连接，在排水支管上设 1 个 $DN50$ 的带"S"弯（"S"弯设在楼板面上）的排水管口，另设 1 个 $DN50$ 的地漏。另外，"WL-B1"管道上设 1 个 $DN50$ 的洗衣机插口地漏。

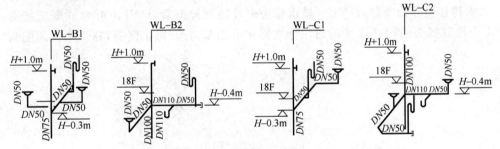

图 6-3　B 户型、C 户型卫生间、厨房与阳台排水支管轴测图

编号为"WL-B2"和"WL-C2"的管道为 B 户型和 C 户型卫生间的排水立管（$DN100$），排水支管在距楼板面 400mm 处与排水立管连接，在排水支管上设有台式洗脸盆 1 个，坐式大便器 1 个，$DN50$ 的地漏 1 个。台式洗脸盆设 1 个 $DN50$ 带"S"弯（"S"弯设在楼板面上）的排水管口，坐式大便器设 1 个 $DN110$ 排水管口，台式洗脸盆至坐式大便器之间的支管管径为 $DN50$，坐式大便器至排水立管之间的支管管径为 $DN110$。

三、排污潜水泵布置详图识读

地下室集水坑布置的位置与数量应根据需要和要求设置。一般来说，消防电梯、水泵房、车道入口低处、车库的必要位置等应设置集水坑和排水设备。

某建筑物中地下室 F2 集水坑排污潜水泵平面图如图 6-4 所示。集水坑尺寸为 1 000mm(长)×1 000mm(宽)×1 200mm(深),在集水坑内设置 2 台排污潜水泵(型号 50QW40-15-4),并有定位尺寸。

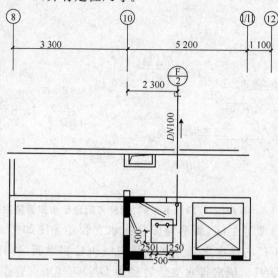

图 6-4 地下室 F2 集水坑排污潜水泵平面图

地下室 F2 集水坑排污潜水泵轴测图如图 6-5 所示,在集水坑内设有控制排污潜水泵开、停的水位和开双泵的水位(报警水位),每台排污潜水泵通过 DN100 排水管排往室外检查井,DN100 排水管为内外热镀锌钢管,DN100 排水立管上接有1 个橡胶接头(隔振)、1 个滑道滚球式排水专用单向阀(防止倒灌)和 1 个铜芯闸阀

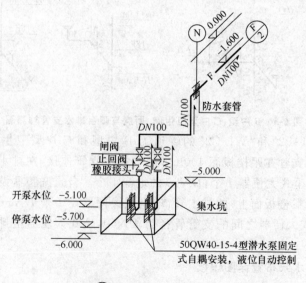

图 6-5 地下室 F2 集水坑排污潜水泵轴测图

（检修用，安装高度为距地下室地面 1.000m）。DN100 排水管穿地下室边墙处应设置防水套管，防水套管水平距离距⑩轴 2.300m，管内底标高为−1.600m。

四、水箱间布置详图识读

水箱按储水的类型分为生活、生产和消防等水箱；按制造的材料分为成品水箱（钢板、不锈钢和玻璃钢等）和钢筋混凝土现场制作的水箱。

在识读水箱布置详图时，主要应注意以下几点：

①水箱进水管、出水管、泄水管、溢水管、透气管等平面位置、标高、管径；

②管道上阀门等设置情况；

③水箱最高水位、最低水位、消防储备水位及贮水容积等。

图 6-6 为某建筑屋面水箱管道布置平面图。图中可以看出：水箱储水容量 20m³。水箱所在的屋面标高为 64.000m，水箱内底标高为 64.600m。水箱上主要管道有：进水管编号为"JL-1′"（DN50）；自动喷水灭火系统供水管编号为"HL-0″"（DN100）；室内消火栓系统供水管编号为"XL-2"的（DN150）；放空管和溢流管管径均为 DN50。编号为"JL-1′"的进水管分成 2 根从水箱侧面进入，第 1 根（DN50）距水箱内侧壁 1 200mm，第 2 根（DN50）与第 1 根距离为 600mm；溢流管（DN50）距水箱另侧内壁 300mm，放空管（DN50）水平方向上距溢流管 300mm，溢流管末端设有 1 个防虫网罩。自动喷水灭火系统出水管设在水箱的中线上，距侧壁 1 500mm。室内消火栓系统出水管（DN150）设在距水箱内壁（设有溢流管侧）1 500mm 处。水箱面上设有 1 个 1 000mm×1 000mm 的进入孔。

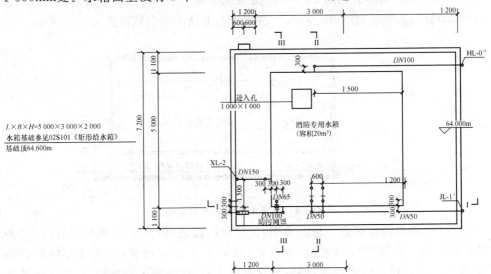

图 6-6 屋面水箱管道布置平面图

图 6-7 为屋面水箱Ⅰ—Ⅰ剖面图。从图中可以看出：水箱放置屋面标高为 64.000m，水箱内底标高为 64.600m，水箱顶板面标高为 66.600m；消防水位标高为 66.000m（开启电动进水阀的水位）；水箱的最高水位为 66.400m、最低水位为

65.000m、消防储备水位为 66.200m，喷淋出水管（DN100）与消火栓出水管（DN150）管底标高为 65.000m，放空管（DN50）管口标高与水箱内底标高相同（64.600m），溢流管（DN50）管中心线标高为 66.400m，2 根进水管（DN50）管中心线标高为 66.500m。从自动喷水灭火系统出水管（DN100）的剖面图可知，出水管管口标高为 65.000m。

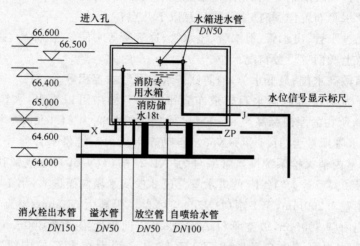

图 6-7　屋面水箱Ⅰ—Ⅰ剖面图

图 6-8 为屋面水箱Ⅱ—Ⅱ剖面图，主要反映进水管（DN50）的剖面位置。从图中可以看出：进水管从标高 66.500m 处穿入水箱侧壁（设防水套管），2 根进水管（DN50）管中心线标高为 66.500m。进水管上电动阀的安装高度为 65.000m。

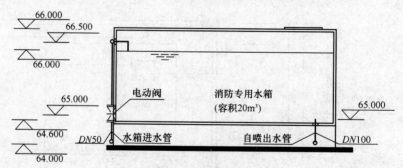

图 6-8　屋面水箱Ⅱ—Ⅱ剖面图

图 6-9 为屋面水箱Ⅲ—Ⅲ剖面图，主要反映溢流管（DN50）和放空管（DN50）的剖面位置。从图中可以看出：溢流管（DN50）上没有设阀门，管中心线标高为 66.000m，末端设有防虫网罩（防虫网罩构造为长度 200mm 的短管，管壁开设孔径为 10mm，孔距为 20mm，且一端管口封堵，外用 18 目铜或不锈钢丝网包扎牢固）。放空管（DN50）管口标高为 64.600m（为水箱底找坡最低点）。放空管上设一个 DN50 的闸阀，具体安装在水箱底架空部分水平管段上。

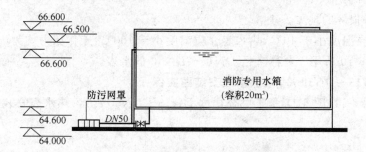

图 6-9　屋面水箱Ⅲ—Ⅲ剖面图

第二节　给排水工程安装详图识读

一、给水工程安装详图识读

1. 室内冷、热水表安装图实例

（1）图 6-10 是某居民楼室内冷、热水表安装图。

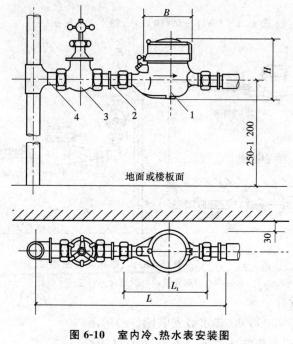

图 6-10　室内冷、热水表安装图

1—水表；2—补芯；3—铜阀；4—短管

（2）实例解读。

1）水表直径与阀门直径相同时可取消补芯。

2）装表前必须排净管内杂物，以防堵塞。

3）水平安装，箭头方向与水流方向一致，并应安装在管理方便、不致冻结、不受污染、不易损坏的地方。

4)介质温度小于 40℃,热水表介质温度小于 100℃,工作压力均为 1.0MPa。

5)图 6-10 适用于公称直径 DN15～DN40 的水表。

2. DN15～DN50 冷水、热水表安装图实例

(1)图 6-11、图 6-12 是某办公楼内 DN15～DN50 冷水、热水表安装图。

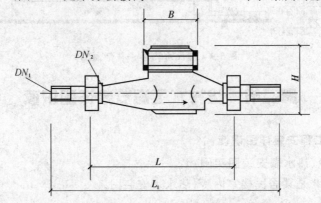

图 6-11　DN15～DN50 冷水、热水表安装图(一)

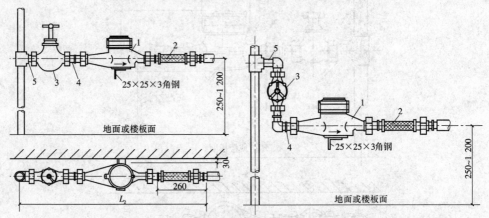

图 6-12　DN15～DN50 冷水、热水表安装图(二)

1—水表;2—金属软管;3—铜阀;4—补芯;5—短管

(2)实例解读。

1)DN15～DN50 冷水、热水表安装图(一)解读。

①过载流量时水表的压力损失不超过 0.1MPa。

②水表最大允许工作压力不超过 1MPa。

③被测水温:冷水表不超过 30℃。热水表适用水温 30～100℃。

2)DN15～DN50 冷水、热水表安装图(二)解读。

①水表口径与阀门口径相同时可取消补芯。

②装表前须排净管内杂物,以防堵塞。

③水表须水平安装,箭头方向与水流方向一致。

④水表应安装在管理方便、不致冻结、不受污染、不易损坏的地方。

3.DN15～DN50 远传冷水、热水表安装图实例

(1)图 6-13 是某居民区 DN15～DN50 远传冷水、热水表安装图。

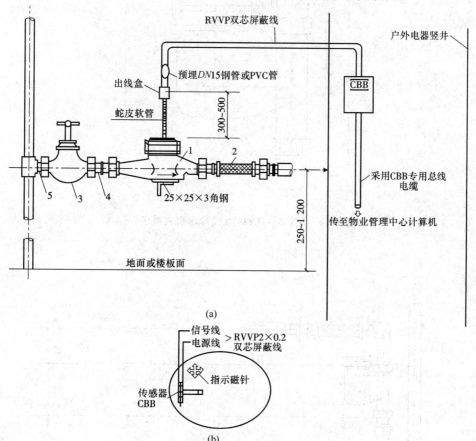

图 6-13　**DN15～DN50 远传冷水、热水表安装图**

(a)远传水表安装图;(b)水表平面示意

1—远传水表;2—金属软管;3—铜阀;4—补芯;5—短管

(2)实例解读。

1)水表口径与阀门口径相同时可取消补芯。

2)冷水表介质温度不超过 30℃,热水表介质温度范围为 30～100℃,环境湿度不高于 70%。

3)远传水表不得在强磁场条件下使用,即外磁场不得超过地磁场 5 倍。

4)远传水表电源 220V,整机功耗约 0.03W,停电时应有备用电池。

5)远传水表信号传输距离小于 1km。

6)金属软管是否安装由设计者决定。

7)CBB 户外计量箱,电源 220V,引入变电压为 8V。

4. DN15～DN20 立式冷水表安装图实例

(1)图 6-14 和图 6-15 是某饭店 DN15～DN20 立式冷水表安装图。

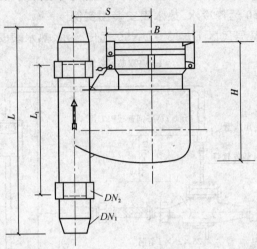

图 6-14　DN15～DN20 立式冷水表安装图(一)

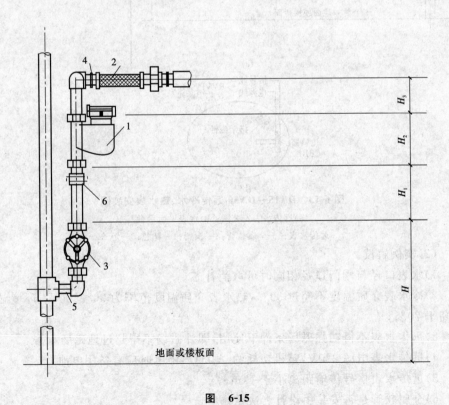

图　6-15

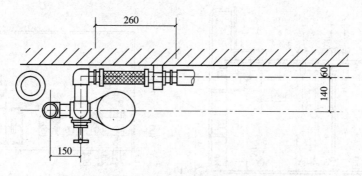

图 6-15　*DN*15～*DN*20 立式冷水表安装图(二)
1—水表；2—金属软管；3—铜阀；4—补芯；5—短管；6—活接头

(2)实例解读。

1)*DN*15～*DN*20 立式冷水表安装图(一)解读。

①*DN*15～*DN*20 立式冷水表用来测量冷水水量,仅适用于单向流动的清洁冷水,不能用于热水和有腐蚀性液体流量的测量。

②被测水温不能超过 40℃,最大允许工作压力为 1MPa。

③在过载流量时,水表的压力损失不超过 0.1MPa。水表直径的选择原则是以经常使用的流量接近公称流量为宜。

④新安装的管道,装表前需排净管内杂物以防堵塞。

⑤水表必须垂直安装,箭头方向与水流方向一致。水表两侧管道必须同轴,水表空位安装尺寸应参照水表总长预留,该尺寸不得过大,否则将使水表承受一定扭力及拉力,造成水表部件的损坏。

⑥为保证水表计量准确,直接与水表连接的直管段长度(不含阀门等管件)表前应不小于 10 倍水表口径,表后不小于 5 倍水表口径。

2)*DN*15～*DN*20 立式冷水表安装图(二)解读。

①金属软管是否安装由设计者确定。

②水表安装地点应能防曝晒、防冰冻、防污染、防水淹。

③水表安装时,螺纹部分加盘根以便拆卸,防止漏水。

5. 方形给水箱附件布置图实例

(1)图 6-16 是某建筑物内方形给水箱附件安装图。

(2)实例解读。

1)尺寸 *a*、*h* 由设计者定。

2)每个水箱安装两套液位传感器,一套备用。

3)配管位置、管径及附件亦可由设计者确定。

6. 钢板水箱玻璃管水位计安装图实例

(1)图 6-17 是某办公楼钢板水箱玻璃管水位计安装图。

(2)实例解读。

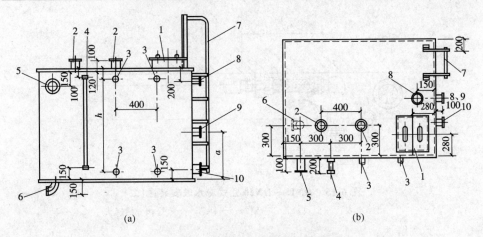

图 6-16　方形给水箱附件安装图

（a）立面图；（b）平面图

1—人孔；2—液位传感器（在箱上安装）；3—液位传感器（在箱外安装）；

4—玻璃管水位计；5—溢流管；6—排水管；7—外人梯；

8—进水管；9—生活出水管；10—消防出水管

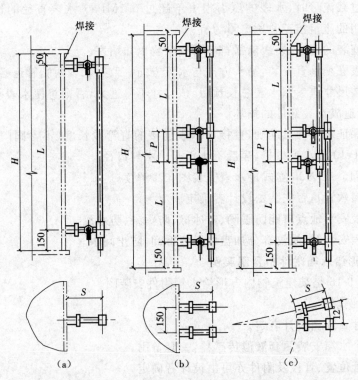

图 6-17　钢板水箱玻璃管水位计安装图

（a）圆形或方形水箱（1 100mm≤H＜1 600mm）；（b）方形水箱（1 600mm≤H＜2 400mm）；

（c）圆形水箱（1 600mm≤H＜3 200mm）

1）水箱不保温时 $S=150$mm，保温时视具体情况而定。

2）水位计旋塞与水箱壁之间有无缝钢管短管（30×3）相连，该短管一端与水箱壁焊接，另一端与旋塞（$DN20$）螺纹连接。

3）水位计装配时应保证上下阀门对中，玻璃管中心线允许偏差值为 1mm。

7. 钢板水箱液压水位控制阀安装图实例

（1）图 6-18 是某宾馆钢板水箱液压水位控制阀安装图。

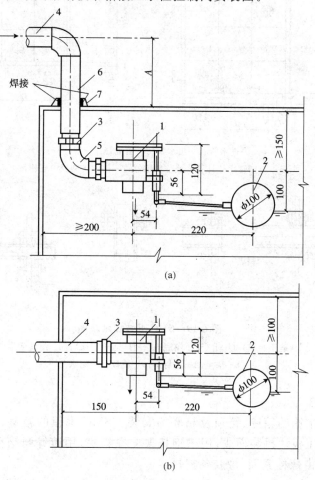

图 6-18　钢板水箱液压水位控制阀安装图

（a）丙型；（b）丁型

（2）实例解读。

1）适用于水温不大于 60℃的清水，公称压力 0.6MPa。

2）图 6-18 仅绘制出 $DN50$ 阀的规格及安装尺寸，$DN80$、$DN100$、$DN150$ 型阀为法兰连接。

3）安装液位阀前须先将整个给水管道中的杂物排净。

8. SMC 组装式水箱图实例

(1)图 6-19 是某建筑物内 SMC 组装式水箱图。

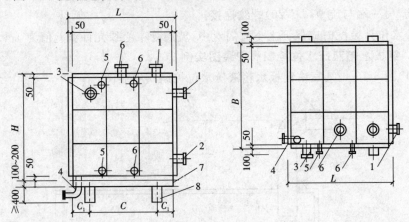

1—进水管;2—出水管;3—溢流管;4—泄空管;
5—玻璃管水位计;6—液位传感器;7—槽钢支架;8—支座图

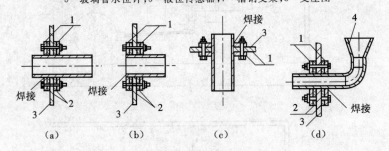

(a)　　　　(b)　　　　(c)　　　　(d)

图 6-19　SMC 组装式水箱图

(a)Ⅰ(适于箱壁);(b)Ⅱ(适于箱底);(c)Ⅲ(适于箱顶);(d)Ⅳ(适于溢流管)
1—法兰;2—密封垫;3—箱板;4—喇叭口

(2)实例解读。

1)SMC 水箱的箱壁、箱顶及箱底的安装。SMC 水箱的箱壁、箱顶、箱底均由 SMC 定型模压板块拼装而成,用槽钢托架支撑箱底,用镀锌圆钢在箱内将箱壁拉牢,板块之间由螺栓紧固、橡胶条密封。

2)定型板块的尺寸。定型板块尺寸为 800mm×800mm,水箱的长、宽、高尺寸均为板块尺寸的倍数。

3)水箱外接管。水箱外接管穿孔部位在板块中心为宜,若偏离该部位需与厂方洽商,管道穿越箱板的做法应符合规定。

4)水温。水箱水温不高于 70℃,水箱保温及支座做法与钢板水箱同。

9. 给水双组减压阀安装图实例

(1)图 6-20 是某建筑物内给水双组减压阀安装图。

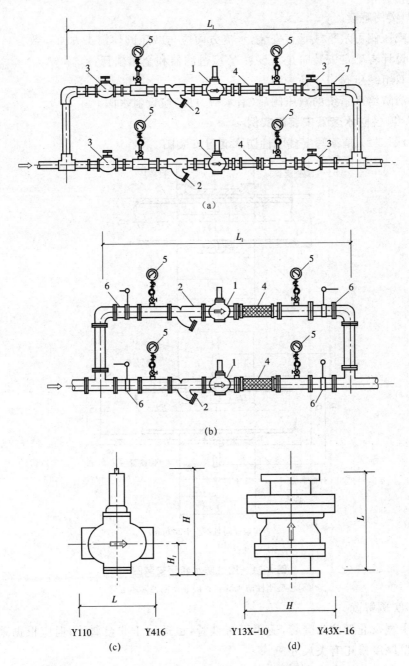

图 6-20　给水双组减压阀安装图

(a)$DN15\sim DN50$ 减压阀安装示意图；(b)$DN65\sim DN150$ 减压阀安装示意图；

(c)减压稳定阀；(d)比例式减压阀

1—Y110/Y416 减压稳压阀；2—Y 型过滤器；3—截止阀(对夹式蝶阀)；4—金属软管；

5—压力表；6—蝶阀；7—外接头

(2)实例解读。

1)减压阀可水平或垂直安装,水流方向应与减压阀体箭头方向一致。

2)设计者确定安装时是否设置Y型过滤器和金属软管。

3)双组减压阀应一备一用。

4)消防给水系统的减压阀后(沿水流方向)应设泄水阀。

10. 刚性防水套管安装图实例

(1)图6-21是某写字楼刚性防水套管安装图。

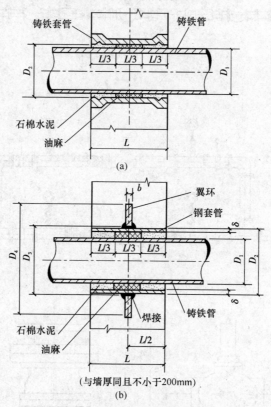

图 6-21 刚性防水套管安装图

(a)Ⅰ型刚性防水套管;(b)Ⅱ型刚性防水套管

(2)实例解读。

1)Ⅰ型及Ⅱ型防水套管,适用于铸铁管,也适用于非金属管,但应根据采用管材的管壁厚度修正有关尺寸。

2)Ⅰ型及Ⅱ型套管穿墙处的墙壁,如遇非混凝土墙壁时应改用混凝土墙壁,其浇筑混凝土范围:Ⅰ型套管应比铸铁套管外径大300mm,Ⅱ型套管应比翼环直径(D_4)大200mm,而且必须将套管一次浇固于墙内。套管内的填料应紧密捣实。

3)Ⅰ型和Ⅱ型防水套管处的混凝土墙厚应不小于200mm,否则应在墙壁一边或两边加厚,加厚部分的直径:Ⅰ型应比铸铁套管外径大300mm,Ⅱ型应比翼环直径(D_4)大 200mm。

4）Ⅰ型防水套管仅在墙厚等于或使墙壁一边或两边加厚为所需铸铁套管长度时采用。

5）Ⅱ型套管尺寸表内所列的材料质量为钢套管（套管长度 L 按 200mm 计算）及翼环质量之和。

6）焊缝高度 h 为最小焊件厚度。

11. 柔性防水套管安装图实例

（1）图 6-22 是某建筑物柔性防水套管安装图。

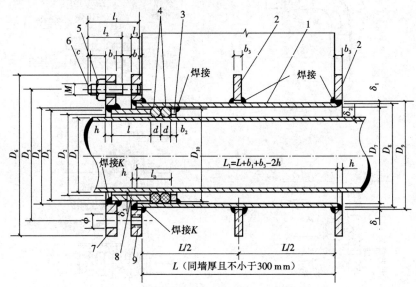

图 6-22　柔性防水套管安装图

1—套管；2—翼环；3—挡圈；4—橡皮条；

5—螺母；6—双头螺栓；7—法兰盘；8—短管；9—翼盘

（2）实例解读。

1）柔性防水套管一般适用于管道穿墙处受振动或有严密防水要求的构筑物。

2）套管穿墙处，如为非混凝土墙壁时应改用混凝土墙壁，其浇筑混凝土范围应比翼环直径（D_6）大 200mm，而且必须将套管一次浇固于墙内。

3）穿管处的混凝土墙厚应不小于 300mm，否则应使墙壁一边加厚或两边加厚。加厚部分的直径，最小应比翼环直径（D_6）大 200mm。

4）套管材料的质量是按墙厚 L 为 300mm 计算的，如墙厚大于 300mm 时应另行计算。

5）焊接高度 h 为最小焊件厚度。

12. 不锈钢卡压式管道安装图实例

（1）图 6-23 是某办公楼不锈钢卡压式管道安装图。

（2）实例解读。

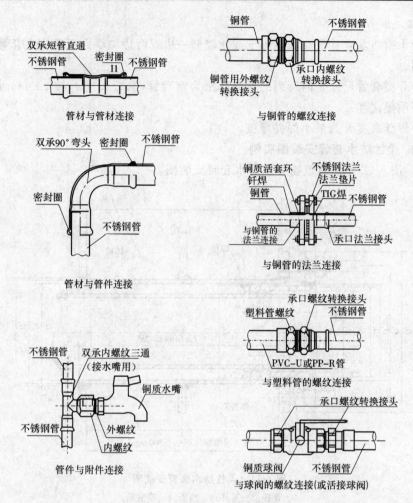

图 6-23 不锈钢卡压式管道安装图

1)适用于公称直径 $DN15\sim DN100$ 不锈钢管道的连接。

2)安装应按相应厂家技术要求进行。

13. 饮用水紫外线消毒器安装图实例

(1)图 6-24 是某办公楼内饮用水紫外线消毒器安装图。

(2)实例解读。

1)电脑自动控制装置另可加装流量传感器。

2)有计时装置,在工作 2 000h 后应检测紫外线强度。

3)筒体采用不锈钢制成。

4)电压 220V,工作水压力≤0.60MPa。

5)从消毒器两端向外延伸 1.2m、0.6m 的最小操作空间(可交换)。

14. 暗装水表及饮用水计量仪安装图实例

(1)图 6-25 是写字楼内暗装水表及饮用水计量仪安装图。

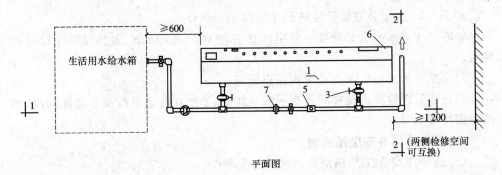

平面图

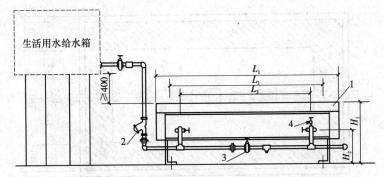

图 6-24　饮用水紫外线消毒器安装图

1—饮用水紫外线消毒器；2—Y 型过滤器；3—全铜闸阀；
4—取水样水嘴；5—泄水堵；6—电控箱；7—活接头

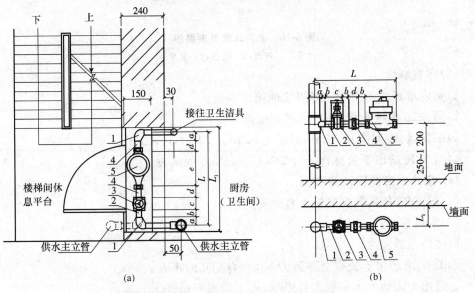

图 6-25　暗装水表及饮用水计量仪安装图

(a)水表平面安装图；(b)饮用水计量仪安装图

（2）实例解读。

1）图 6-25 中安装立管管径的尺寸均以 15mm 计。

2）暗装水表水平管的高度一般距休息平台 400～1000mm，具体尺寸由设计者确定。

3）在寒冷地区暗装水表应考虑保温措施。

4）在非采暖地区或楼梯间设有采暖系统时，给水立管也可敷设于楼梯间内，如图中虚线所示。

15. 室内水表井安装图实例

（1）图 6-26 是某工厂锅炉室内水表井安装图。

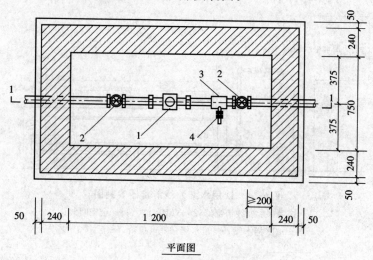

平面图

图 6-26　室内水表井安装图

1—水表；2—闸阀；3—三通；4—水龙头

（2）实例解读。

1）室内水表井适用于一路进水的给水系统。

2）图 6-26 中进水管走向，可根据室外管道位置选定。

3）工程量：砖砌体 $0.57m^3$，混凝土 $0.42m^3$，木材 $0.055m^3$。

4）图 6-26 适用于公称直径为 $DN15～DN40$ 的水表。

16. 室外水表井安装图实例

（1）图 6-27 是某学校室外水表井安装图。

（2）实例解读。

1）适用范围。

①图 6-27 适用于公称直称为 $DN15～DN50$ 的水表。

②适用于无地下水一般人行道下，无车辆通行地区。

2）工程量。

图 6-27 的工程量，最小井深砖砌体为 $1.31m^3$，井深每增加 1m，则砖砌体增

加 0.94m³。

3)安装位置。

水表井位于铺装地面下时,井口与地面平,在非铺装地面下时,井口高出地面50mm;DN50 水表安装时,井内径为 1 200mm。

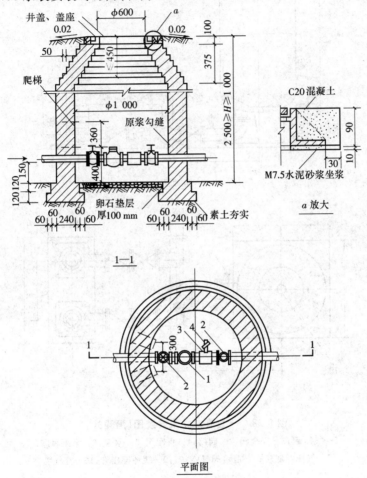

1—1

平面图

图 6-27　室外水表井安装图

1—水表;2—闸阀;3—三通;4—水龙头

17. 一立罐二立泵安装图(隔膜式)实例

(1)图 6-28 是某工厂一立罐二立泵安装图(隔膜式)。

(2)实例解读。

1)罐体尺寸 H 按工作压力 1.5MPa 而定,L_2 按一台罐可能选择的最大泵的最小尺寸确定。

2)水泵与罐体结合,除本图外,还有其他布置形式,具体尺寸由设计者确定。

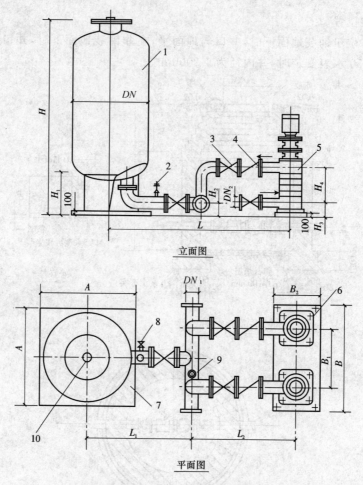

立面图

平面图

图 6-28　一立罐二立泵安装图(隔膜式)

1—气压罐;2—安全阀;3—阀门;4—止回阀;5—水泵;6—水泵底座;

7—气压罐底座;8—泄水阀($DN20$);9—缓冲罐接管;10—充气嘴

18. 一立罐二立泵安装图(补气式)实例

(1)图 6-29 是某建筑物一立罐二立泵安装图(补气式)。

(2)实例解读。

1)图 6-29 中 L_2 的尺寸应按一台罐可能选择最大的水泵时的尺寸而定,如水泵进水口与出水口同侧布置,则 L_2 的尺寸由设计者自行确定。

2)图 6-29 中罐体支角支墩中心夹角为 120°,具体情况应视现场情况而定。支墩规格为 400mm×400mm,中心预留 100mm×100mm×300mm 的螺栓孔。

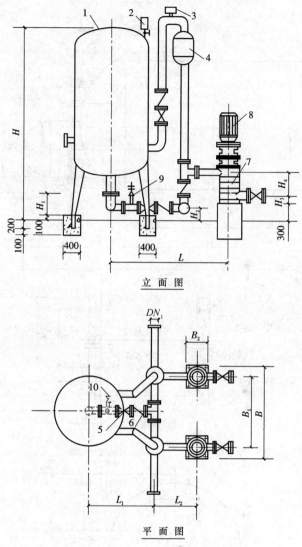

立 面 图

平 面 图

图 6-29 一立罐二立泵安装图(补气式)

1—气压罐;2—压力控制器;3—呼吸系统;4—缓冲罐;

5—阀门;6—止回阀;7—水泵;8—电机;9—安全阀;10—泄水阀

19. RV-03 系列卧式容积式热交换器安装图实例

(1)图 6-30 是某住宅内 RV-03 系列卧式容积式热交换器安装图。

(2)实例解读。

1)安装热交换器时做一高出地面约 300mm 的混凝土基础,基础上预留地脚螺栓孔位置。

2)壳体为碳素钢 Q235-A,外壁刷调和漆防腐,内壁可按要求做一般性或特殊防腐处理。

3)U 形管材有碳钢无缝管 20 号和黄铜管 H62 两种规格。

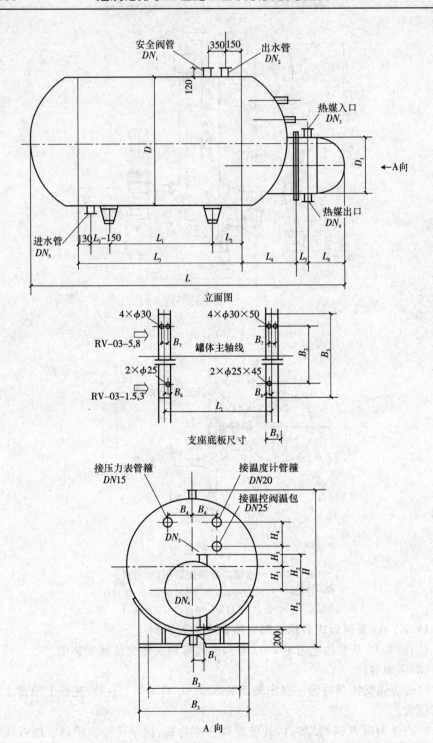

图 6-30　RV-03 系列卧式容积式热交换器安装图

20. 变频调速给水装置原理示意图(恒压变量)实例

(1)图 6-31 是学校变频调速给水装置原理示意图(恒压变量)。

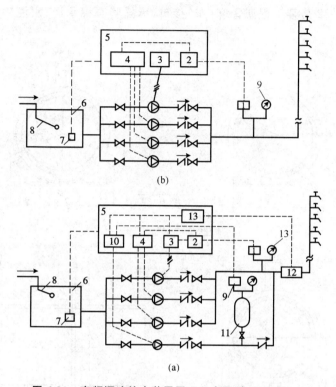

(b)

(a)

图 6-31　变频调速给水装置原理示意图(恒压变量)

(a)恒压变量供水设备(带一台小泵)原理图；(b)恒压变量供水设备(带小气压罐)原理图

1—压力传感器；2—数字式 PID 调节器；3—变频调速器；4—恒速泵控制器；

5—电控柜；6—水池；7—水位传感器；8—液位自动控制阀；9—压力表；

10—水泵控制器；11—小气压罐；12—流量传感器；13—压力表

(2)实例解读。

1)恒压变量供水设备(带一台小泵)。

在水泵出水管附近安装压力传感器,以控制水泵按设计给定的压力工作,其中一台水泵为变频调速泵,其余泵为恒速泵。如水池中水位过低,水位传感器发出指令停泵。当用水量较小时,由小泵供水。当小泵供水量不能满足用水量时,变频调速泵投入运行,小泵停止工作。当调整泵还不能满足用水量要求时,自动启动恒速泵。

2)恒压变量供水设备(带小气压罐)。

在水泵出水管附近安装压力传感器,以控制水泵按设计给定的压力工作,其中一台水泵为变频调速泵,其余泵为恒速泵。如水池中水位过低,水位传感器发出指令停泵。当用水量较小时,由小气压罐系统供水。当小气压罐系统供水量不能满足用水量时,变频调速泵投入运行,小气压罐系统停止工作。当调整泵还不能满足用水量要求时,自动启动恒速泵。

二、排水工程安装详图识读

1. 沥青麻（布）接口，承插管石棉水泥、水泥砂浆、沥青油膏接口施工图实例

（1）图 6-32 是某工程沥青麻（布）接口，承插管石棉水泥、水泥砂浆、沥青油膏接口施工图。

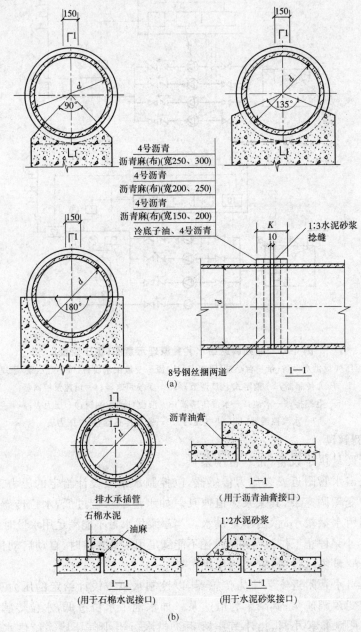

图 6-32　沥青麻（布）接口，承插管石棉水泥、水泥砂浆、沥青油膏接口施工图

（a）排水管沥青麻（布）接口；（b）排水承插管石棉水泥、水泥砂浆、沥青油膏接口

(2)实例解读。

1)沥青麻(布)接口。

①沥青麻(布)接口为柔性接口,适用于无地下水、地基不均匀沉陷及不严重的无压管道。

②沥青麻(布)三层四油,沥青用 4 号,沥青麻(布)搭接长度均为 150mm。

③冷底子油配合比(质量比)为:4 号沥青：汽油＝3：7。

④施工时先做接口再做基础,接口处基础应断开。

2)沥青油膏接口。

①沥青油膏接口为柔性接口,适用于污水管道。

②施工时,应刷净插口壁及承口内壁,并涂冷底子油一道,再填沥青油膏。

③冷底子油配合比(质量比)为:4 号沥青：汽油＝3：7。

④沥青油膏参考配合比(质量比)为:6 号石油沥青：重松节油：废机油：石棉灰：滑石粉＝100：11.1：44.5：77.5：119。

3)水泥砂浆接口。

①水泥砂浆接口为刚性接口,一般适用于雨水管道。

②材料为 1：2 水泥砂浆。

③施工时,插口外壁及承口内壁均应刷净。

4)石棉水泥接口。

①石棉水泥接口为半刚性接口,适用于污水管道。

②施工时,在接口处充塞油麻,再填打石棉水泥。

③石棉水泥配合比(质量比)为:水：石棉：水泥＝1：3：7。

④油麻做法:在 95％的汽油与 5％的石油沥青溶液内浸透、晾干、扭成麻辫。

2. 缸瓦管基础及接口、铸铁管基础及接口施工图实例

(1)图 6-33 是某工程缸瓦管基础及接口、铸铁管基础及接口施工图。

(2)实例解读。

1)图 6-33(a)适用于小区内部的排水管道,$d＝150\sim300$mm,管顶覆土 0.7m≤H≤2.0m。图 6-33(a)不得用于车行道下。

2)图 6-33(b)适用于污水及雨水管道,管材为排水铸铁管,$d＝100\sim200$mm,管顶覆土 0.7m≤H≤4.0m。

3)管道应落在有足够承载力的原状土层上,否则应进行地基处理。

4)两种基础形式根据地质及施工条件选用。

5)承插接口处必须做枕基,回填土料中不得含有直径大于或等于 50mm 的石子。

3. 水泥砂浆抹带接口、钢丝网水泥砂浆抹带接口施工图实例

(1)图 6-34 是某排水工程水泥砂浆抹带接口、钢丝网水泥砂浆抹带接口施工图。

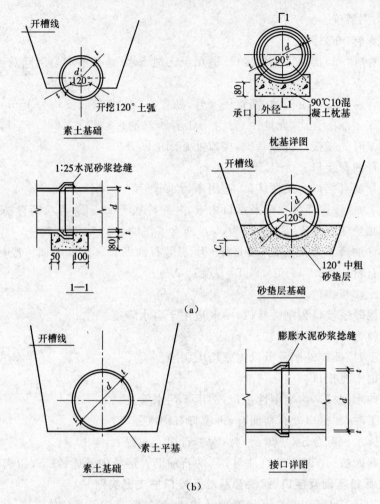

图 6-33　缸瓦管基础及接口、铸铁管基础及接口施工图

(a)缸瓦管基础及接口；(b)铸铁管基础及接口

(2)实例解读。

1)图 6-34(a)适用于无地下水的雨水管道，$d=300\sim1\,000$mm。

2)图 6-34(b)适用于雨水管道、合流管道及污水管道，$d=300\sim1\,500$mm，120°混凝土基础。

3)抹带接口在抹带宽度内管壁凿毛、刷净、润湿。

4. 防水穿墙套管及基础留洞施工图实例

(1)图 6-35 是某学校防水穿墙套管及基础留洞施工图。

(2)实例解读。

1)Ⅰ型防水套管适用于钢管，Ⅱ型防水套管适用于铸铁管及非金属管。

2)翼环及钢套管加工完成后，在其外壁均刷底漆一遍(底漆包括樟丹或冷底子油)。

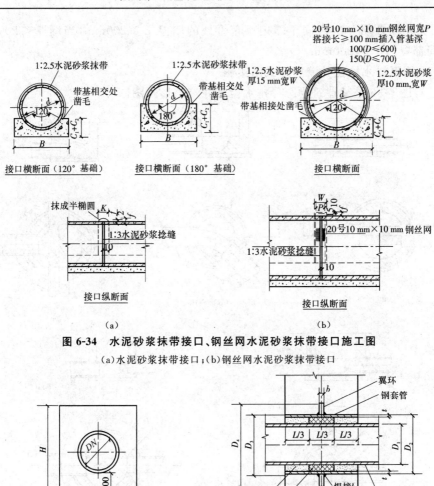

图 6-34　水泥砂浆抹带接口、钢丝网水泥砂浆抹带接口施工图

(a)水泥砂浆抹带接口；(b)钢丝网水泥砂浆抹带接口

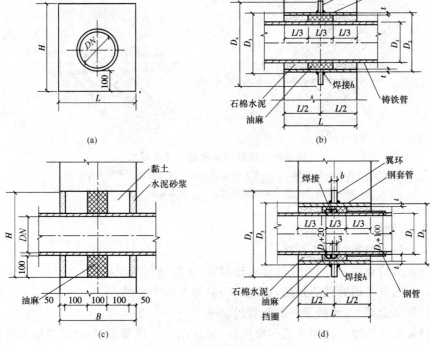

图 6-35　防水穿墙套管及基础留洞施工图

(a)墙体留洞平面；(b)Ⅱ型防水套管；(c)穿墙管示意图；(d)Ⅰ型防水套管

　　3）套管必须一次浇固于墙内。套管处的墙厚 $L \geqslant 200\text{mm}$，当墙厚 $< 200\text{mm}$ 时，局部应加厚至 200mm。

5. 圆形排水检查井流槽形式图实例

（1）图 6-36 是某建筑物圆形排水检查井流槽形式图。

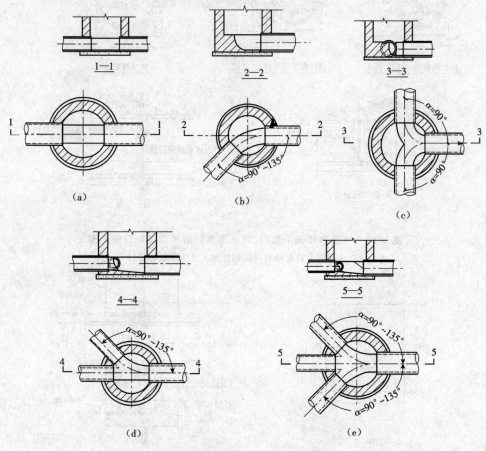

图 6-36　圆形排水检查井流槽形式

(a)直线井平面图；(b)转弯井平面图；(c)一侧支管通入干管井平面图
(d)一侧支管通入干管交汇井平面图；(e)二侧支管通入干管交汇井平面图

（2）实例解读。

1）管道一般采用管顶平接。

2）雨水检查井：相同直径的管道连接时，流槽顶与管中心平。

3）不同直径的管道连接时，流槽顶一般与小管中心平。

4）污水检查井：流槽顶一般与管内顶平。

5）采用与井墙一次砌筑的砖砌流槽，如改用 C10 混凝土时，浇筑前应先将检查井的井基、井壁洗刷干净。

6. 竖管式跌水井(直线内跌)施工图实例

(1)图 6-37 是竖管式跌水井(直线内跌)施工图。

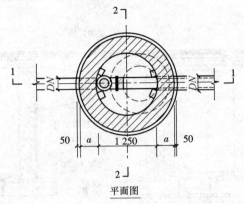

平面图

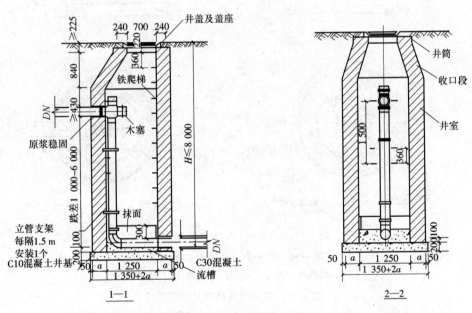

1—1

2—2

图 6-37 竖管式跌水井(直线内跌)施工图

(2)实例解读。

1)适用于管径 DN≤200mm 的排水铸铁管,跌差为 1 000～6 000mm。

2)遇地下水时,井外壁抹面至地下水位以上 500mm,厚 20mm;基础下铺碎石,厚 100mm。

3)抹面、勾缝均用 1∶2 水泥砂浆。木塞需用热沥青浸煮,铸铁管涂沥青防腐。

4)跌差 H≤6 000mm 时,井墙厚 A=240mm;跌差 H>6 000mm 时,其超深部分的井墙厚 A=370mm。

7. 室内排水检查口井施工图实例

(1)图 6-38 是室内排水检查口井施工图。

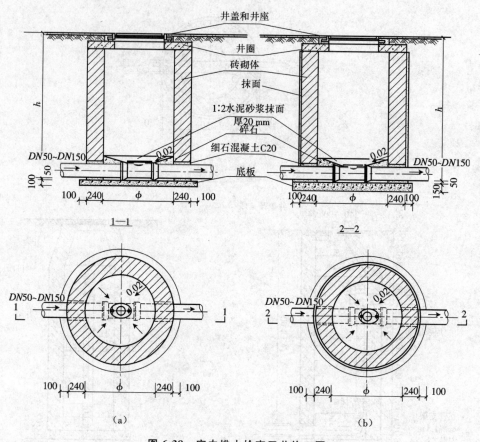

图 6-38 室内排水检查口井施工图

(a)平面图(用于无地下水);(b)平面图(用于有地下水)

(2)实例解读。

1)井口管道刷热沥青两道。

2)图 6-38 适用于 $DN50 \sim DN150$ 的排水管道。

8. 雨水连接井施工图实例

(1)图 6-39 是某街道雨水连接井施工图。

(2)实例解读。

1)适用于下游管径 $d \leqslant 300mm$,管顶覆土不大于 1 250mm 的里弄、街坊及工厂、机关内部的雨水管道。

2)井基采用 C15 混凝土,厚度等于干管管基厚,若干管采用非混凝土基础时,井基厚度为 150mm。

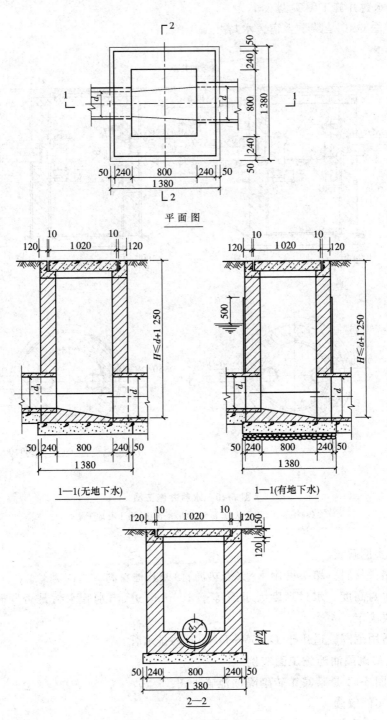

平面图

1—1(无地下水)   1—1(有地下水)

2—2

图 6-39 雨水连接井施工图

9. 水封井施工图实例

(1)图 6-40 是某学生宿舍水封井施工图。

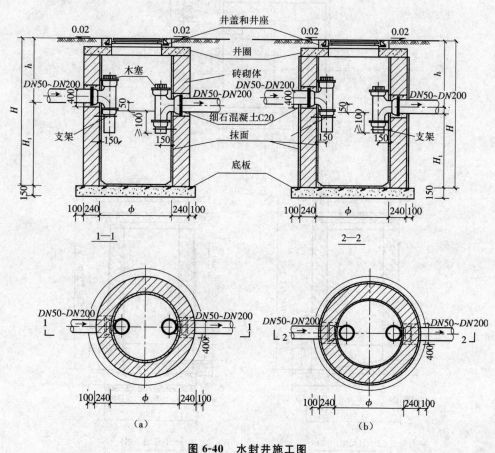

图 6-40　水封井施工图

(a)平面图(用于无地下水)；(b)平面图(用于有地下水)

(2)实例解读。

1)堵头材料。堵头可用木塞(浸热沥青)或其他材料。

2)水封高度。水封高度大于或等于 100mm,进、出水管水封是否同时设置按工程需要决定。

3)适用范围。适用于 $DN50\sim DN200$ 的排水管。

10. 砖砌隔油池施工图实例

(1)图 6-41 是某宾馆砖砌隔油池施工图。

(2)实例解读。

1)进、出水管的材料。进、出水管采用排水铸铁管或给水铸铁管,并加以水封。

2)顶板、隔板的材质。对小型隔油池,在无地面荷载时,顶板也可采用木盖板；

隔板可用水泥板、塑料板,也可用木隔板(应浸热沥青防腐)。

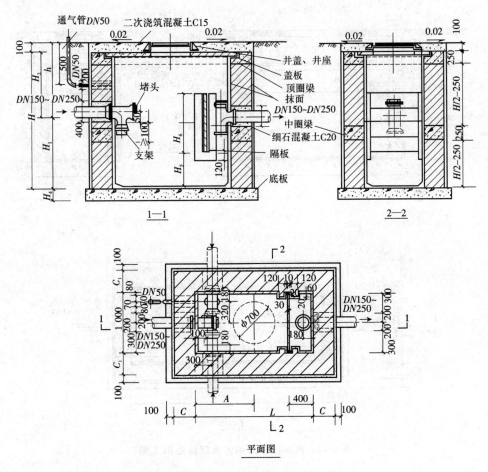

图 6-41　砖砌隔油池施工图

3)水封管堵头。水封管堵头采用浸热沥青木堵头,也可用其他材质代替。

4)适用范围。适用于 $DN150 \sim DN250$ 的排水管。

5)池顶无覆土,地面不过汽车。

11. 汽车洗车砖砌污水沉淀池施工图实例

(1)图 6-42 是某加油站汽车洗车砖砌污水沉淀池施工图。

(2)实例解读。

1)进、出水管的材料。进、出水管采用排水铸铁管,并均加水封。

2)水封堵头的材料。水封堵头采用浸热沥青木堵头,也可用其他材料代替。

3)适用范围。适用于 $DN100 \sim DN150$ 的排水管。

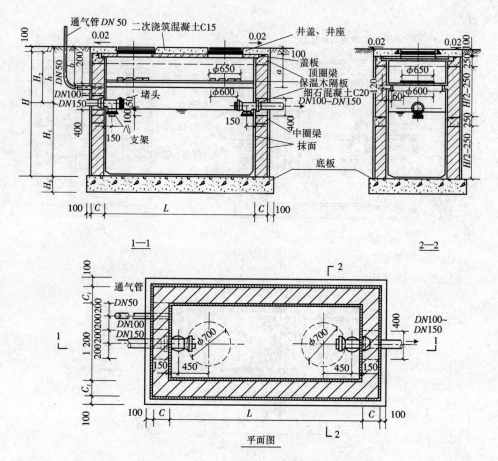

图 6-42　汽车洗车砖砌污水沉淀池施工图

12. 普通地漏安装图施工

(1)图 6-43 是某小区内普通地漏安装施工图。

(2)实例解读。

1)地漏的安装。安装地漏时应保持地漏面低于周围地面 5～10mm,装设在楼板上应预留安装洞。

2)砂浆。

楼板洞填充砂浆时须按比例加入防水膨胀剂,防止渗水。

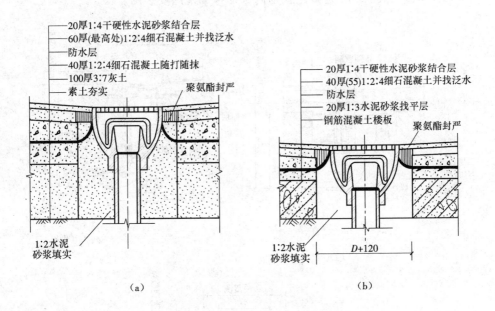

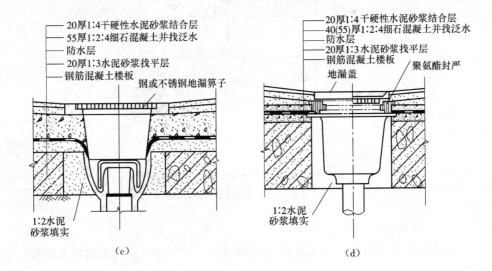

图 6-43　普通地漏安装施工图
(a)地面安装;(b)楼面安装;(c)楼面安装(厚垫层);(d)带盖安装

13. 圆形钟罩地漏安装图实例

（1）图 6-44 和图 6-45 是某建筑物内圆形钟罩地漏安装图。

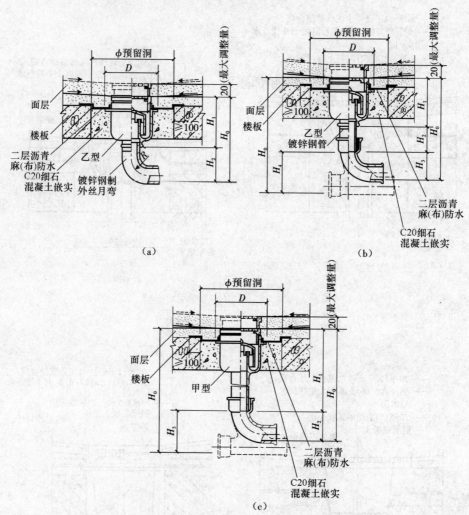

（a）

（b）

（c）

图 6-44　圆形钟罩地漏（甲、乙型）安装图

（a）Ⅰ型连接；（b）Ⅱ型连接；（c）Ⅲ型连接

（2）实例解读。

1）地漏安装时应保持地漏面低于周围地面 5～10mm，装设在楼板上应预留安装洞。

2）由设计者确定是否采用方盖圈。

3）适用范围。适用于 $DN50～DN150$。图 6-45 中Ⅰ型适用于楼板厚度不大于 120mm 的场所。

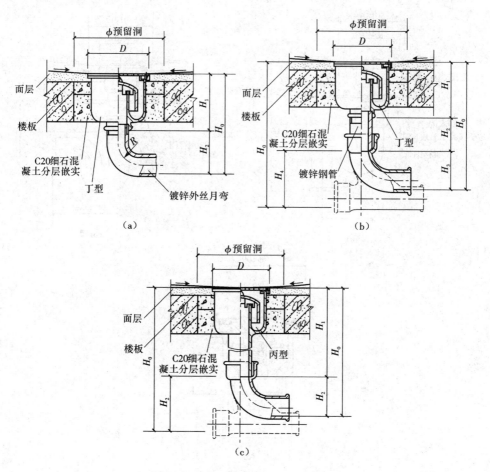

图 6-45　圆形钟罩地漏(丙、丁型)安装图

(a)Ⅰ型连接;(b)Ⅱ型连接;(c)Ⅲ型连接

14. 快开式无水封密闭地漏安装图实例

(1)图 6-46 是某学校快开式无水封密闭地漏安装图。

(2)实例解读。

1)适用范围。适用于医院手术室等不经常排水但有特殊要求的场所和 DN50 的管线。

2)胶圈。胶圈材质采用耐油橡胶。

3)地漏安装。安装地漏时应保持地漏面低于周围地面 5~10mm,装设在楼板上应预留安装洞。

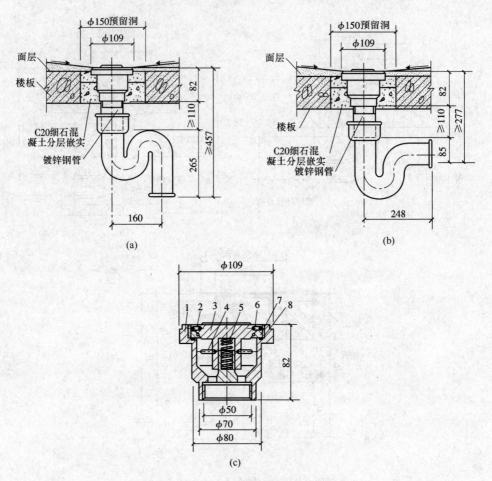

图 6-46 快开式无水封密闭地漏安装图

(a)Ⅰ型连接;(b)Ⅱ型连接;(c)Ⅲ型连接

1—壳体;2—卡销;3—封帽;4—定位销;5—压簧;

6—O形胶圈;7—密封圈;8—胶圈

15. 无水封密闭式地漏安装图实例

(1)图 6-47 是某公寓无水封密闭式地漏安装图。

(2)实例解读。

1)适用范围。适用于医院手术室等不经常排水的场所和 $DN50\sim DN100$ 的排水管。图 6-47 中Ⅰ型适用于排入明沟的场所。

2)地漏安装。安装地漏时应保持地漏面低于周围地面 5～10mm,地漏装设在楼板上应预留安装洞。

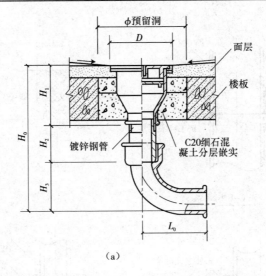

（a）

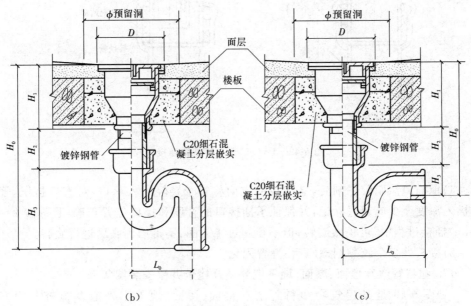

（b）   （c）

图 6-47 无水封密闭式地漏安装图

（a）Ⅰ型连接；（b）Ⅱ型连接；（c）Ⅲ型连接

16. 管道连接图实例

（1）图 6-48 是某浴室管道连接示意图。

（2）实例解读。

1）管道粘接不宜在湿度很大的环境中进行，操作场所应远离火源，防止撞击和阳光直射，在－20℃以下的环境中不得操作。

2）涂胶前，应将粘接表面打毛并擦净，如有油污可用丙酮擦净。

3）涂胶时应轴向涂刷，涂抹均匀，冬期施工时先涂承口，再涂插口。

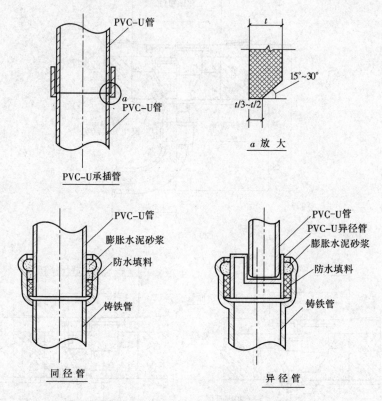

图 6-48   PVC-U 管与铸铁管连接

4）承插口涂刷胶黏剂后，立即找准方向将管子轻轻插入承口，对直后挤压，管端插入深度至少应超过标记，并保证承插接口的直度和接口位置正确，且静置 2～3min；插接过程中，可稍做旋转，但不得超过 1/4 圈，不得插到底后进行旋转。

5）接头处多余胶黏剂擦净后，静置固化。

17. 塑料管道穿楼面、屋面、地下室外墙及检查井壁安装图实例

（1）图 6-49 是某建筑物塑料管道穿楼面、屋面、地下室外墙及检查井壁安装图。

（2）实例解读。

1）管道穿越楼面、屋面板、地下室外墙及检查井壁处，管外表面用砂纸打毛，或刷胶粘剂后涂干燥砂一层。

2）管道与检查井壁嵌接部位缝隙应用 M7.5 水泥砂浆分两次嵌实，不得留孔隙，第一次为井壁中心段，井内外壁各留 20～30mm，待第一次嵌缝的水泥砂浆初凝后，再进行第二次嵌实。上述讲解进行完毕，用水泥砂浆在检查井外壁沿管外壁周围抹成突起的止水圈环，圈环厚度为 20～30mm。

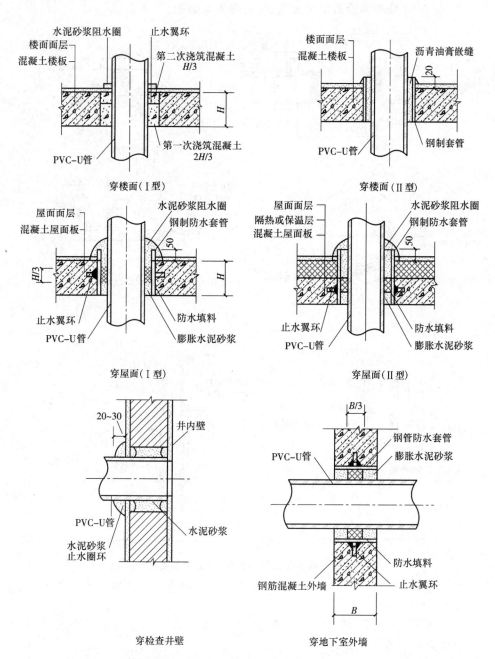

图 6-49　塑料管道穿楼面、屋面、地下室外墙及检查井壁安装图

18. 塑料管道中阻火圈、防火套管安装图

(1)图 6-50 是塑料管道中阻火圈、防火套管安装图。

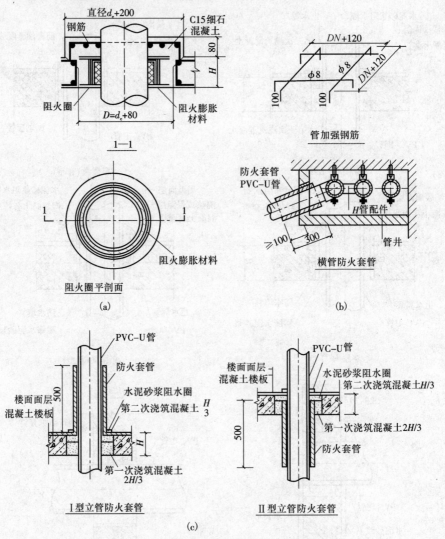

图 6-50　塑料管道中阻火圈、防火套管安装图

(a)阻火圈安装；(b)横管防火套管安装；(c)立管防火套管安装

(2)实例解读。

1)防火套管设置部位。高层建筑物内管径大于等于 110mm 的明设立管以及穿越墙体处的横管。

2)设计应根据 PVC-U 管道的规格选用相应的防火套管。

3)安装于高层建筑的 PVC-U 排水立管和通气立管,厂家推荐宜从第 6 层起安装阻火圈,往上每 6 层设置一对。

4)管插入阻火圈就位后,其外壁和阻火圈的上口内壁接触处需用胶粘剂粘接。

5）排水立管还需做钢筋混凝土加强圈,使立管在管井封板处形成固定支撑。

6）当发生火灾时,阻火膨胀材料受热发生急剧膨胀封闭管口,阻止火灾向上蔓延。

19. 管道拆卸与安装、立管简易消能装置安装图实例

（1）图 6-51 是管道拆卸与安装、立管简易消能装置安装图。

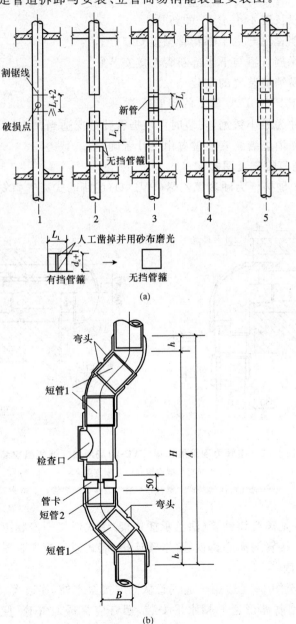

图 6-51　管道拆卸与安装、立管简易消能装置安装图

（a）管道拆卸与安装；（b）立管简易消能装置

(2)实例解读。

1)管道拆卸与重新安装步骤。

①将管道破损处以不小于 L_1+2mm 长度锯下来。

②套入无挡管箍。

③放入一段长度不小于 L_1 的新管。

④用上无挡管箍与上半部新管粘接安装好。

⑤再用下无挡管箍与下半部新管粘接安装好。

2)立管简易消能装置的安装。

①本图用于 PVC-U 立管上的消能装置。

②本图尺寸为最小数据,安装时可根据管井情况适当调整。

③立管简易消能装置安装位置由设计者确定。

20. 墙式通气帽安装图实例

(1)图 6-52 是接管为硬聚氯乙烯(PVC-U)场所墙式通气帽安装图。

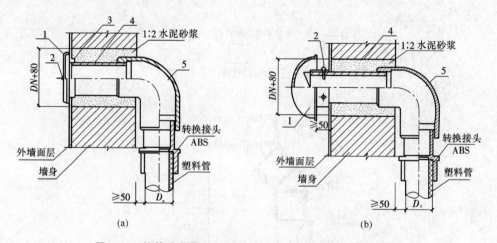

图 6-52 接管为硬聚氯乙烯(PVC-U)场所墙式通气帽安装图

(a)Ⅰ型连接;(b)Ⅱ型连接

1—通气盖板(帽);2—螺钉;3—通气盖座;4—短管;5—弯头

(2)图 6-53 是离心铸铁管(法兰承插连接)墙式通气帽安装图。

(3)图 6-54 接管为离心铸铁管(卡箍连接)墙式通气帽安装图。

(4)实例解读。

1)图 6-52 至图 6-54 适用于通气管从侧墙接至室外,连通大气的场所。

2)Ⅱ型采用蘑菇形通气帽水平安装,螺钉应穿透通气管,使其与通气管牢固连接。

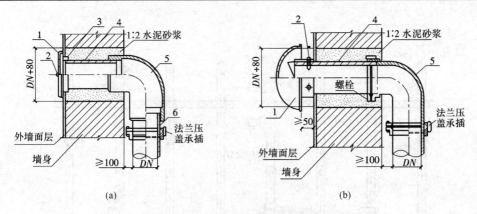

图 6-53　离心铸铁管(法兰承插连接)墙式通气帽安装图

(a)Ⅰ型连接；(b)Ⅱ型连接

1—通气盖板(帽)；2—螺钉；3—通气盖座；4—短管；5—弯头；6—短管

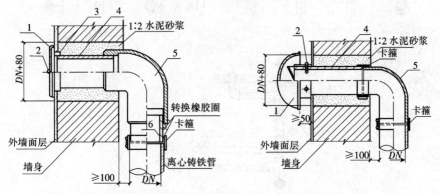

图 6-54　接管为离心铸铁管(卡箍连接)墙式通气帽安装图

1—通气盖板(帽)；2—螺钉；3—通气盖座；4—短管；5—弯头；6—短管

21. 伸缩节安装图实例

(1)图 6-55 是某建筑物伸缩节安装图。

(2)实例解读。

1)当层高小于或等于 4m 时,污水立管和通气立管应每层设一伸缩节,当层高大于 4m 时,应根据管道设计伸缩量和伸缩节确定最大允许伸缩量,伸缩节设置应靠近水流汇合的管件,并可按下列情况确定:

①排水支管在楼板下方接入时,伸缩节设置于水流汇合管件之下,如图 6-55 中 a、f 所示。

②排水支管在楼板上方接入时,伸缩节设置于水流汇合管件之上,如图 6-57 中 b、g 所示。

③立管上无排水支管接入时,伸缩节按设计间距可置于楼层任何部位,如图 6-57中 c、e、h 所示。

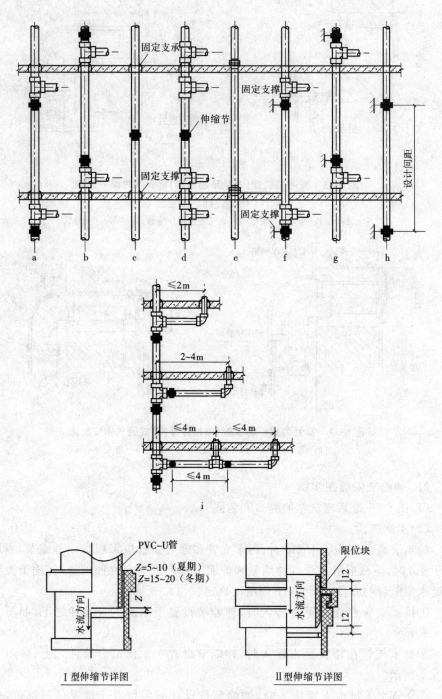

图 6-55 伸缩节安装图

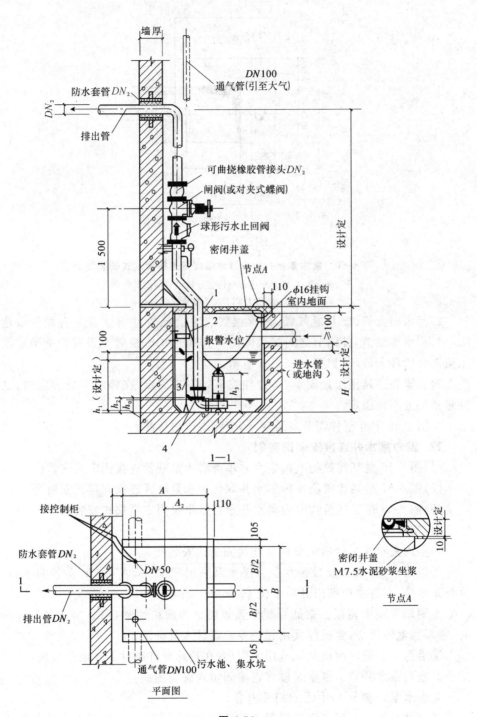

图 6-56

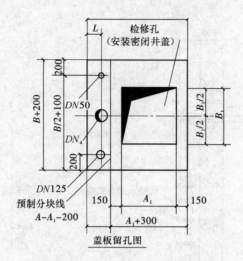

图 6-56 室内集水井单台潜水泵硬管连接固定式安装图

1—钢套管 DN_4;2—电源电缆;3—液位自动控制装置;

4—异径管 $DN_2 \times DN$(DN 为潜水泵排出口径)

2)污水横支管、器具通气管、环形通气管上合流管件至立管的直线管段超过 2m 时,应设伸缩节,伸缩节之间最大间距不得超过 4m,横管上设置伸缩节应设于水流汇合管件上游端,如图 6-55 中 i 所示。

3)立管在穿越楼层处固定时,在伸缩节处不得固定;在伸缩节处固定时,立管穿越楼层处不得固定。

4)图 6-55 中 Ⅱ 型伸缩节安装完毕,应将限位块拆除。

22. 室内集水井连接安装图实例

(1)图 6-56 是某建筑物室内集水井单台潜水泵硬管连接固定式安装图。

(2)图 6-57 是某建筑物室内集水井双台潜水泵硬管连接固定式安装图。

(3)图 6-58 是某建筑物室内集水井单台潜水泵固定自耦式安装图。

(4)实例解读。

1)室内集水井单台潜水泵硬管连接固定式安装图。

①停泵、开泵水位及报警水位。潜水泵采用液位自动控制,h_0 为停泵水位,h_1 为开泵水位,报警水位高出开泵水位 100mm。

②钢筋混凝土盖板。钢筋混凝土盖板可分为两块预制,当 A 或 B≥1 500mm 时,盖板宜整体现浇,盖板厚度由相关专业设计人员确定。

③潜污泵。潜污泵应按规范用泵,只有在特殊允许条件下才用单台泵。

2)室内集水井双台潜水泵硬管连接固定式安装图。

①潜水泵。参见 1)中①的相关内容。

②钢筋混凝土盖板。钢筋混凝土盖板采用整体现浇,盖板厚度由相关专业设计人员确定。

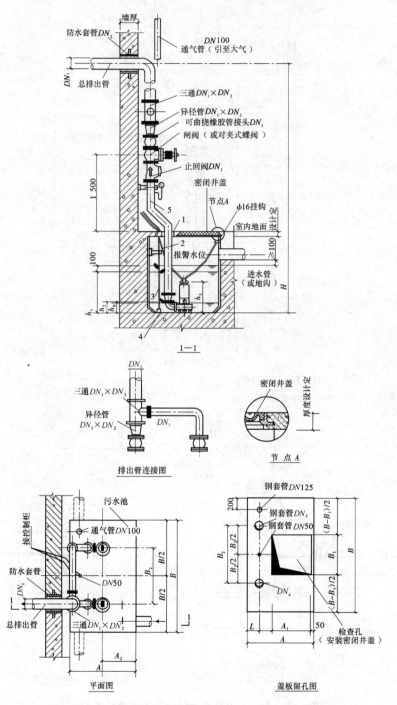

图 6-57 室内集水井双台潜水泵硬管连接固定式安装图

1—钢套管 DN_4；2—电源电缆；3—液位自动控制装置；

4—异径管 $DN_2 \times DN$（DN 为潜水泵排出口径）；5—单泵出水管 DN_2

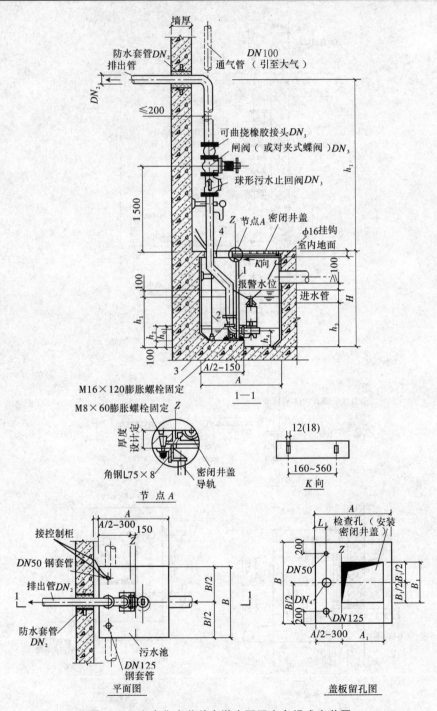

图 6-58 室内集水井单台潜水泵固定自耦式安装图

1—自耦装置；2—液位自控装置；3—异径管 $DN_2 \times DN$

（DN 为潜水泵排出口径）；4—钢套管 DN_4

3)室内集水井单台潜水泵固定自耦式安装图。

①潜水泵。参见1)中①的相关内容。

②钢筋混凝土盖板。参见2)中②的相关内容。

③自耦装置导轨。自耦装置导轨安装应保证垂直。

23. 聚乙烯(PE)钢塑复合缠绕管连接图实例

(1)图6-59是某建筑工程聚乙烯(PE)钢塑复合缠绕管连接图。

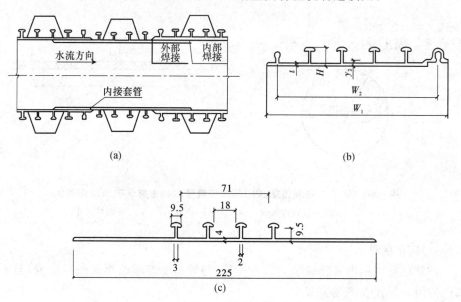

图6-59 聚乙烯(PE)钢塑复合缠绕管连接图

(a)PE钢塑复合缠绕管接口示意图;(b)PE板材截面示意图;(c)PE内接套管截面尺寸

(2)实例解读。

1)PE钢塑复合管材用内接套管通过焊接连接,与管道上游部位管材的连接先行完成,与下游部位的连接在现场完成。

2)管道接口程序。

①连接前必须检查切口平整度,钢带接头质量可靠。

②使用清洁干布将焊接配合面擦拭干净。

③为便于接口管外焊接采用管接头处架空或挖槽方法,并对准轴线和标高,插入管道,其焊缝宽度不小于3mm。

④沿接口焊缝采用多点对称、均匀焊接固定的方法,再先内后外完全焊接。焊缝应饱满、光滑和牢固。

24. 钢带增强聚乙烯(PE)螺旋波纹管内衬板材焊接接口连接图实例

(1)图6-60是某住宅区钢带增强聚乙烯(PE)螺旋波纹管内衬板材焊接接口连接图。

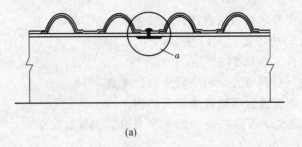

(a)

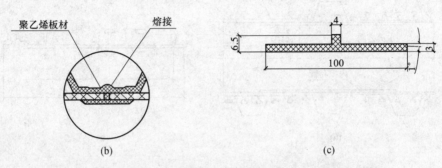

(b)   (c)

图 6-60　钢带增强聚乙烯(PE)螺旋波纹管内衬板材焊接接口连接图

(a)聚乙烯内衬板材焊接接口示意图；(b)节点 *a*；(c)聚乙烯板材尺寸

(2)实例解读。

1)管材接口用内接套管采用焊接连接,与管道上游部位焊接先行完成,与下游部位的内外焊接在现场完成。

2)管道接口程序如下：

①连接前必须检查切口的平整度,钢带接头质量要可靠。

②使用清洁干布将焊接配合面擦拭干净。

③为便于接口管外焊接采用管接头处架空或挖槽方法,并对准轴线和标高,插入管道,其焊缝宽度不得小于 3mm。

④沿接口焊缝采用多点对称,均匀焊接固定的方法,再先内后外完全焊接。焊缝应饱满、光滑和牢固。

25. 聚乙烯(PE)双壁波纹管接口及橡胶圈安装图实例

(1)图 6-61 是某工程聚乙烯(PE)双壁波纹管接口及橡胶圈安装图(一)。

(2)图 6-62 是某工程聚乙烯(PE)双壁波纹管接口及橡胶圈安装图(二)。

(3)实例解读。

1)聚乙烯(PE)双壁波纹管接口及橡胶圈安装图(一)。

①管道连接前,应先检查橡胶圈是否配套完好,确认橡胶圈安放位置及插口应插入承口的深度并做好记号。

②接口作业时,应先将承口(或插口)的内(或外)工作面用棉纱清理干净,不得有泥土等杂物,并在承口内工作面涂上润滑剂,然后立即将插口端的中心对准承口

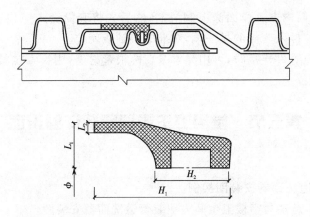

图 6-61　聚乙烯(PE)双壁波纹管接口及橡胶圈安装图(一)

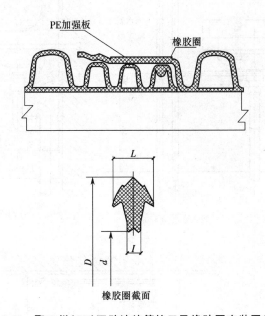

图 6-62　聚乙烯(PE)双壁波纹管接口及橡胶圈安装图(二)

的中心轴线就位。

③插口插入承口时,小口径管可在管端设置木挡板,用撬棒将管材沿轴线徐徐插入承口内;公称直径大于 $DN400\text{mm}$ 的管道可用缆绳系住管材,用手动葫芦等工具将管材徐徐拉入承口内。

2)聚乙烯(PE)双壁波纹管接口及橡胶圈安装图(二)。

①管道连接前,应检查密封圈是否配套完好,确认橡胶密封圈安放位置及插口应插入承口的深度并做好记号。

②接口时应先将管材及管件的外(或内)工作面用棉纱清理干净,不得有泥土

及杂物,并在套筒内壁工作面涂上润滑剂,然后先将套筒套入一根管材内,到位后再将另一根管材插入套筒的另一端,对准中心轴线就位。

③在管材与管件连接时,可用绳索系在两根管材上,用绞索拉紧均匀向中间用力,直至管材就位。

第三节　常用卫生器具安装详图识读

一、洗面器

1. 明装管道洗面器安装图实例。

(1)图 6-63 是某写字楼卫生间内明装管道洗面器安装图。

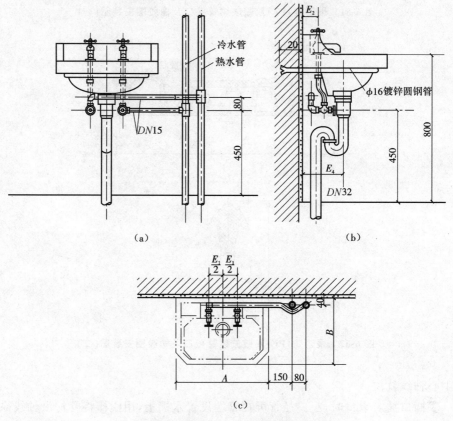

(a)立面图；(b)侧面图；(c)平面图

图 6-63　明装管道洗面器安装图

(2)实例解读。

1)图 6-63 中未定尺寸应根据所购洗面器及配件的尺寸确定。

2. 肘式混合龙头洗面器安装图（暗管）实例

（1）图 6-64 是某住宅肘式混合龙头洗面器安装图（暗管）实例。

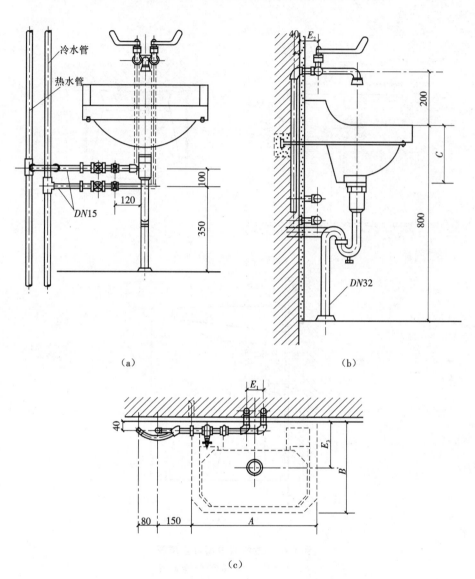

（a）　　　　　　　　　　　　　　　　（b）

（c）

图 6-64　肘式混合龙头洗面器安装图（暗管）

（a）立面图；（b）侧面图；（c）平面图

（2）实例解读。

1）图中未定尺寸依据所购洗面器及配套上、下水配件确定。

2）存水弯形式按设计图确定。

3. 立柱式洗面器安装图实例

(1)图 6-65 是卫生间立柱式洗面器安装图。

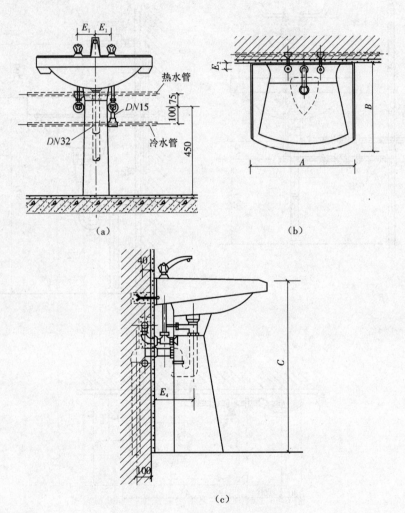

图 6-65　立柱式洗面器安装图

(a)立面图;(b)平面图;(c)侧面图

(2)实例解读。

1)存水弯的形式。存水弯的形式应根据设计需要确定。

2)尺寸。图 6-65 中未定的尺寸应根据所购洗面器及其配套上、下水配件确定。

4. 单把龙头洗面器安装图实例

(1)图 6-66 是某住宅室内单把龙头无沿台式洗面器安装图。

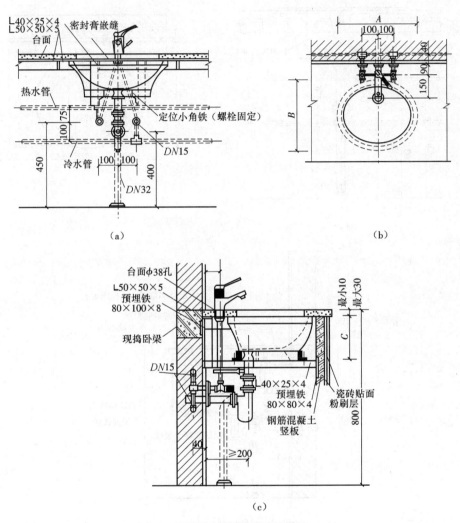

（a）　　　　　　　　　　　　　　　　　　　（b）

（c）

图 6-66　单把龙头无沿台式洗面器安装图

(a)立面图;(b)平面图;(c)侧面图

(2)图 6-67 是某住宅室内单把龙头有沿台式洗面器安装图。

(3)实例解读。

1)图中未定尺寸按所购洗面器及配套上、下水配件而定。

2)存水弯形式按设计图确定。

3)台盆支架形式及台面材料按土建设计。

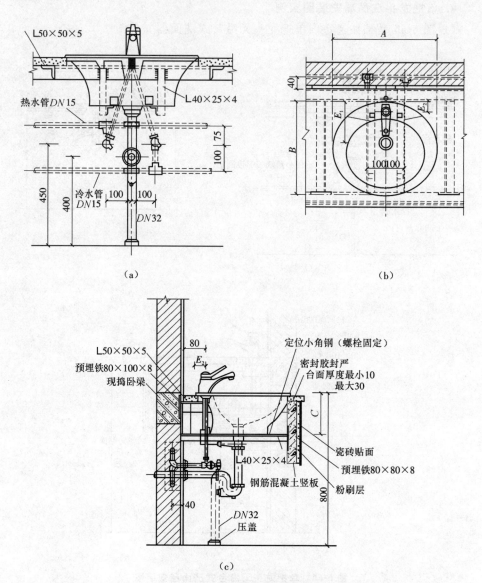

图 6-67　单把龙头有沿台式洗面器安装图

(a)立面图；(b)平面图；(c)侧面图

5. 单眼洗面器安装图实例

(1)图 6-68 是某宾馆卫生间单眼洗面器安装图。

(2)实例解读。

1)尺寸。图 6-68 中未定尺寸应根据所购洗面器及配件的尺寸确定。若采用偏单眼进水洗面器,则应根据尺寸 E_3 调整阀门及水管的位置。

2)托架节点如图 6-68(e)所示。

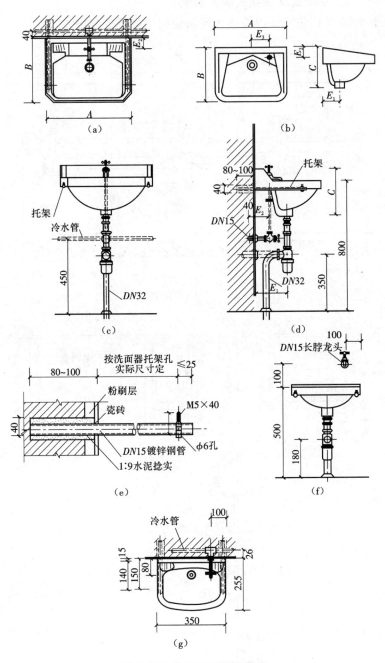

图 6-68　单眼洗面器安装图

(a)平面图；(b)右单眼洗脸盆；(c)立面图；(d)侧面图；(e)托架(钢管制)节点图；
(f)立面图(儿童用)；(g)平面图(儿童用)

6. 冷热水龙头成组洗面器安装图实例

(1)图 6-69 是某住宅室内冷热水龙头成组洗面器安装图。

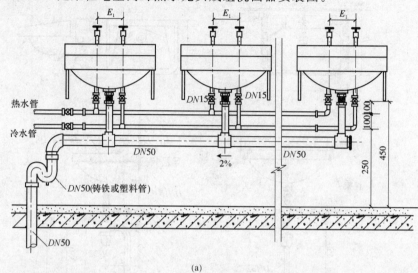

(a)

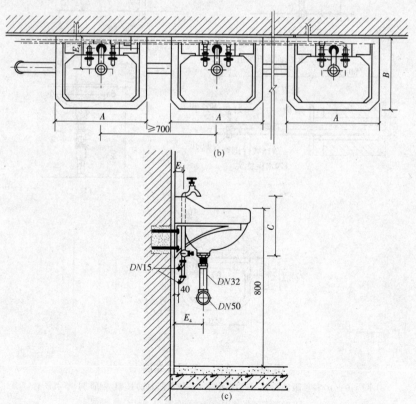

图 6-69　冷热水龙头成组洗面器安装图

(a)立面图;(b)平面图;(c)侧面图

（2）实例解读。

1）图中未定尺寸按所购洗面器及配套上、下水配件而定。

2）成组安装不得超过 6 个，其存水弯必须带清扫口。

3）明装下水横管采用镀锌钢管。

4）冷热水横支管管径按设计图确定。

二、龙头

1. 浴盆——冷热水龙头安装图实例

（1）图 6-70 是某别墅室内浴盆——冷热水龙头安装图。

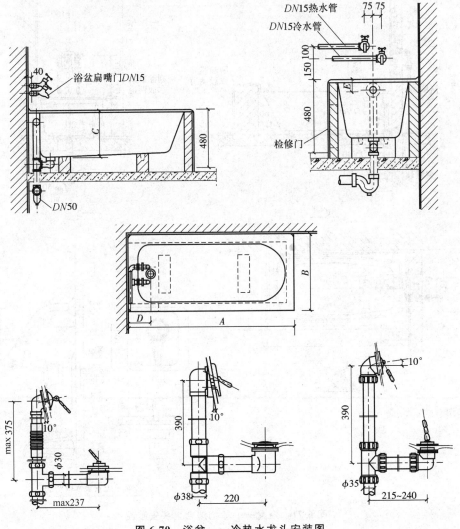

图 6-70 浴盆——冷热水龙头安装图

（2）实例解读。

1）图 6-70 中未定尺寸按所购浴盆大小确定。

2）浴盆检修门应根据卫生间平面布置设计确定,其做法应符合相关图集的标准。

2. 浴盆——单把混合龙头安装图的实例

（1）图 6-71 是某住宅室内浴盆——单把混合龙头安装图。

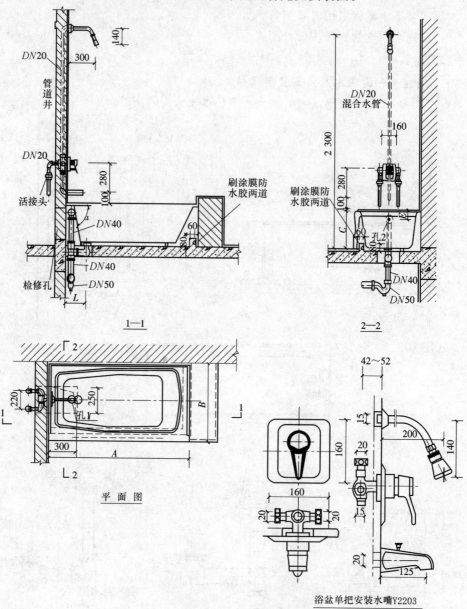

图 6-71　浴盆——单把混合龙头安装图

（2）实例解析。

1）图中未注明尺寸按所购浴盆而定。

2）浴盆裙板有左、右式,选用时由设计决定。存水弯形式由设计决定。涂膜、防水胶型号按设计要求决定。

3. 单柄暗装混合龙头裙板浴盆安装图实例

（1）图 6-72 是某浴室单柄暗装混合龙头裙板浴盆安装图。

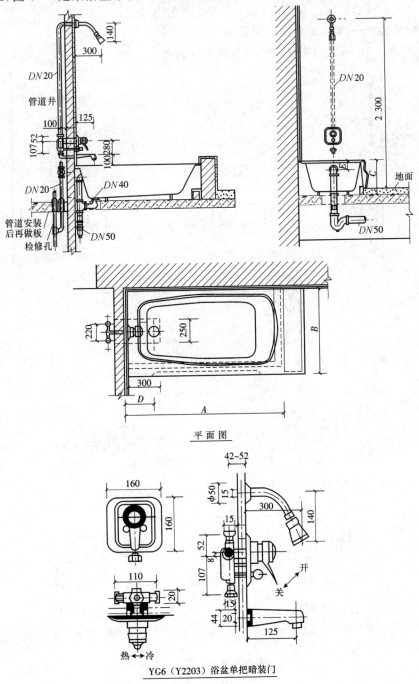

平面图

YG6（Y2203）浴盆单把暗装门

图 6-72　单柄暗装混合龙头裙板浴盆安装图

（2）实例解读。

1）图中未定尺寸按所选购浴盆确定。

2）墙面地面防水做法见土建设计要求。浴盆裙板有左、右式，选用时由设计决定。

3）存水弯也可选用存水柜或 DDL-TQ 型多用地漏。

4. 浴盆——混合龙头安装图实例

（1）图 6-73 是室内浴盆——混合龙头安装图。

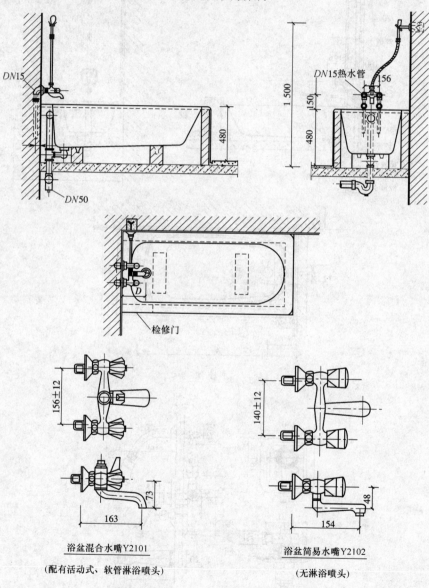

浴盆混合水嘴Y2101

（配有活动式、软管淋浴喷头）

浴盆简易水嘴Y2102

（无淋浴喷头）

图 6-73　室内浴盆——混合龙头安装图

（2）实例解读。

1）图中未定尺寸按所选购浴盆确定。

2）浴盆检修门可根据卫生间平面布置设计决定。

三、淋浴器

1. 淋浴器——升降式安装图（暗管）实例

（1）图 6-74 是某宾馆卫生间淋浴器——升降式安装图（暗管）

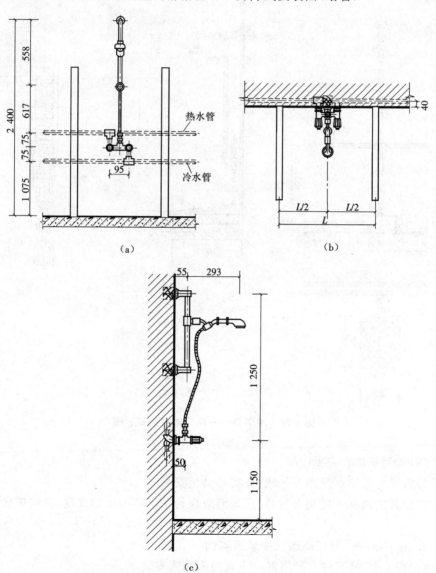

图 6-74　淋浴器——升降式安装图（暗管）

（a）立面图；（b）平面图；（c）侧面图

（2）实例解读。

1）管径。冷、热水管的管径应由设计要求确定。

2）地漏位置。室内地漏位置及排水沟做法应符合设计规定。

2. 淋浴器——单门脚踏式安装图实例

（1）图 6-75 是某浴室淋浴器——单门脚踏式安装图。

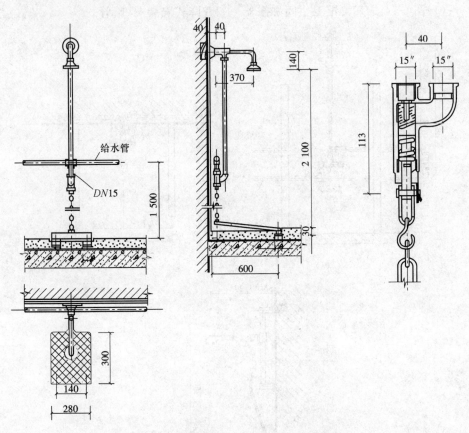

图 6-75　淋浴器——单门脚踏式安装图

（2）实例解读。

1）若尺寸与实际所购不一致，按实际踏板安装。

2）踏板离地面不能装得过高，距地面应保持 15～20mm 的高度（铁链螺栓可调节）。

3. 淋浴器——双门脚踏式安装图实例

（1）图 6-76 是某住宅淋浴器——双门脚踏式安装图。

（2）实例解读。

1）冷、热水管径由设计决定。

2）安装应按相应厂家技术要求进行。

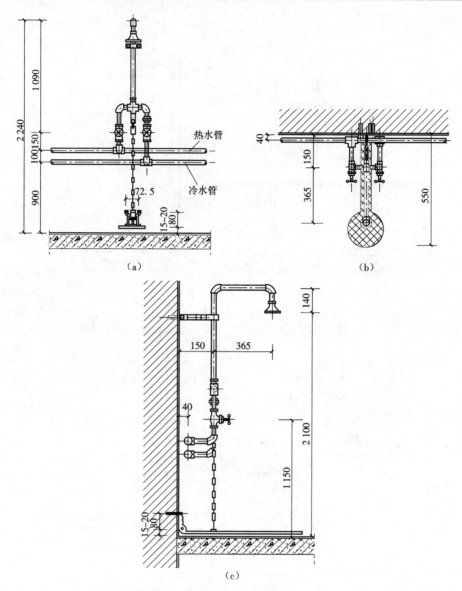

图 6-76　淋浴器——双门脚踏式安装图

(a)立面图；(b)平面图；(c)侧面图

4. 淋浴器——单／双管组装型安装图实例

(1)图 6-77 是淋浴器——单／双管组装型安装图实例。

(2)实例解读。

1)淋浴器由镀锌钢管、管件、截止阀等组成。

2)括号内尺寸为幼儿用尺寸。

3)$L=1\,100$mm 或由设计决定。

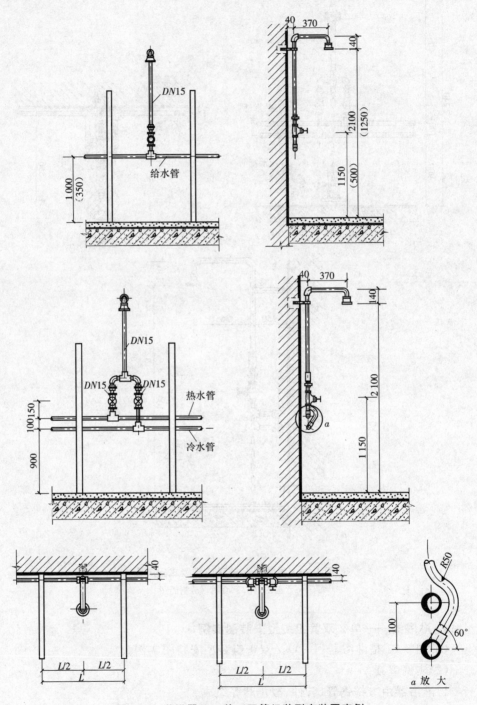

图 6-77　淋浴器——单／双管组装型安装图实例

4) 室内地面排水沟的做法及地漏位置由设计决定。

5. 淋浴器——单／双管成品淋浴器安装图实例

(1) 图 6-78 是某住宅淋浴器——单／双管成品淋浴器安装图实例。

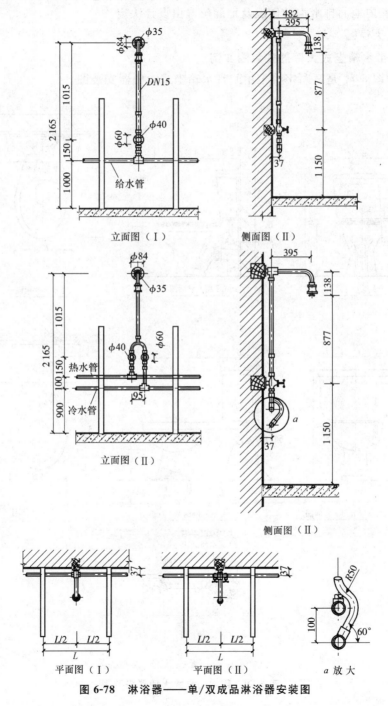

图 6-78　淋浴器——单/双成品淋浴器安装图

（2）实例解读。

1）给水管及冷、热水管的管径由设计决定。

2）$L=1\,100\text{mm}$ 或按设计尺寸确定。

3）室内地面排水沟的做法及地漏位置由设计决定。

四、大便器

1. 带水箱坐式大便器安装图实例

（1）图 6-79 是某写字楼卫生间带水箱坐式大便器安装图。

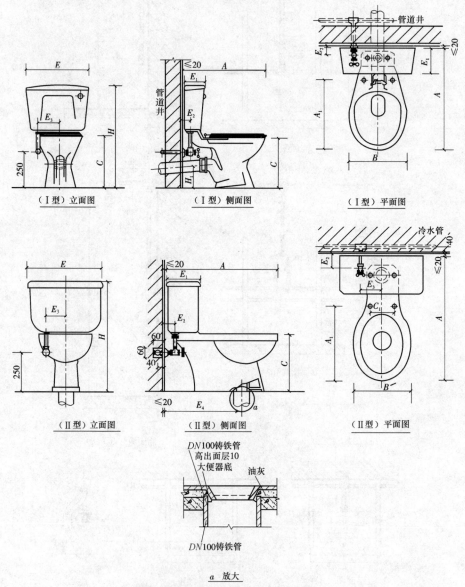

图 6-79　带水箱坐式大便器安装图

（2）实例解读。

1）安装前依据所购坐便器确定图中未定尺寸。

2）冷水管管径按设计图纸确定。

2. 低水箱坐式大便器安装图实例

（1）图 6-80 是某办公楼卫生间低水箱坐式大便器安装图。

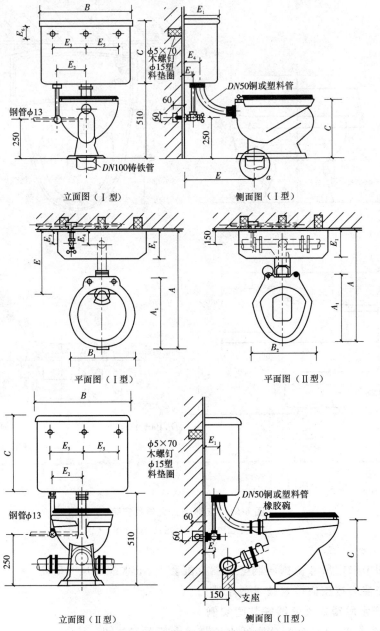

图 6-80　低水箱坐式大便器安装图

（2）实例解读。

1）图中未定尺寸按所购坐便器及配件实际尺寸确定。

2）冷水管安装形式（明或暗）由设计决定。

3. 连体坐式大便器安装图实例

（1）图 6-81 是某住宅卫生间连体坐式大便器安装图。

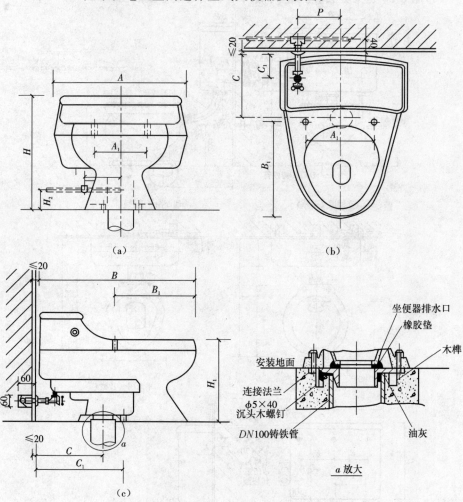

（a）立面图；（b）平面图；（c）侧面图

图 6-81　连体坐式大便器安装

（2）实例解读。

1）图中未定尺寸依据所购坐便器及配套上、下水配件尺寸确定。

2）安装应按相应厂家技术要求进行。

4. 低水箱蹲式大便器安装图实例

（1）图 6-82 是某公园公厕低水箱蹲式大便器安装图。

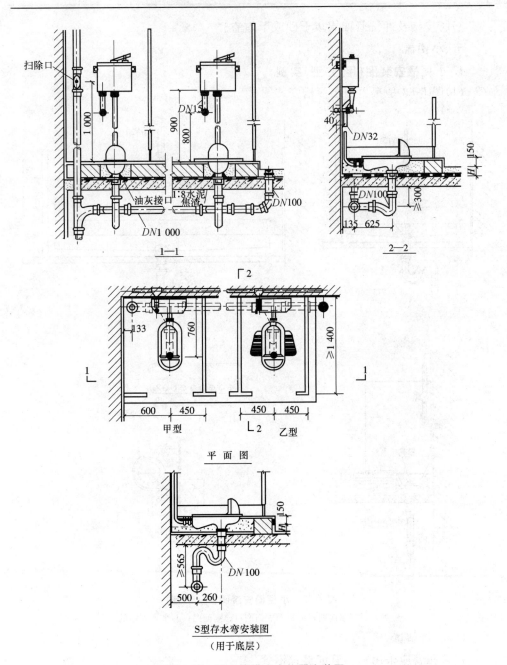

图 6-82　低水箱蹲式大便器安装图

（2）实例解读。

1）蹲式大便器可单独或成组安装。

2）楼面 H 尺寸及防潮层做法按土建设计图确定。

3）扫除口在墙角时外斜 $45°$。

4）胶皮碗大小两头均采用喉箍箍紧。

5)胶皮碗及冲洗管四周填干砂或干焦渣。

五、小便器

1. 小便槽安装图(甲、乙型)实例

(1)图 6-83 是某男厕小便槽安装图(甲、乙型)。

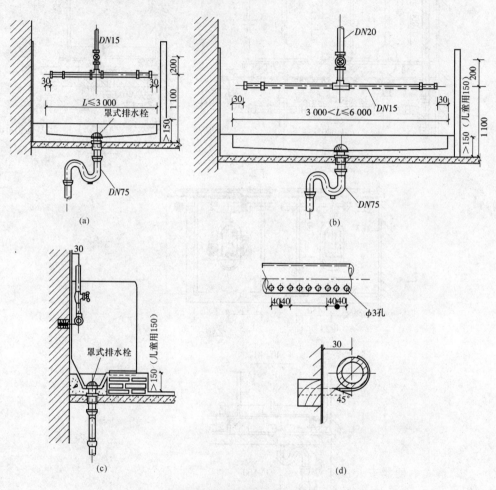

图 6-83 小便槽安装图(甲、乙型)

(a)甲型立面图;(b)乙型立面图;(c)侧面图;(d)多孔管详图

(2)实例解读。

1)多孔管应采用塑料管或镀锌钢管。

2)小便槽的长度及罩式排水栓位置由设计决定。

3)罩式排水栓下设存水弯,采用 P 形或 S 形,由设计决定。

2. 立式小便器安装图实例

(1)图 6-84 是学校男厕立式小便器安装图。

(2)实例解读。

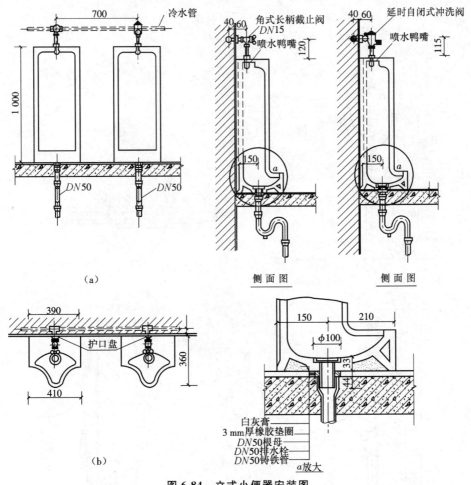

图 6-84　立式小便器安装图

(a)立面图；(b)平面图

1)存水弯采用 S 形或 P 形,由设计决定。

2)安装应按相应厂家技术要求进行。

3. 挂式小便器安装图实例

(1)图 6-85 是某办公楼男厕挂式小便器安装图。

(2)实例解读。

1)存水弯形式及材料依据设计图确定。

2)明装管道阀门采用铜皮笼阀,暗装管道阀门采用铜角式截止阀。

六、其他卫生器具

1. 墙面混合洗涤盆安装图实例

(1)图 6-86 是某建筑物墙面混合洗涤盆安装图。

(2)实例解读。

1)洗涤盆规格由设计决定。

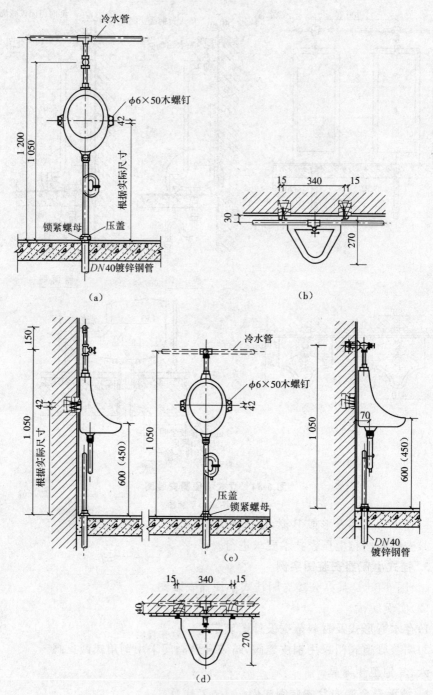

图 6-85 挂式小便器安装图

(a)给水管明装;(b)给水管明装平面图;(c)给水管暗装;(d)给水管暗装平面图

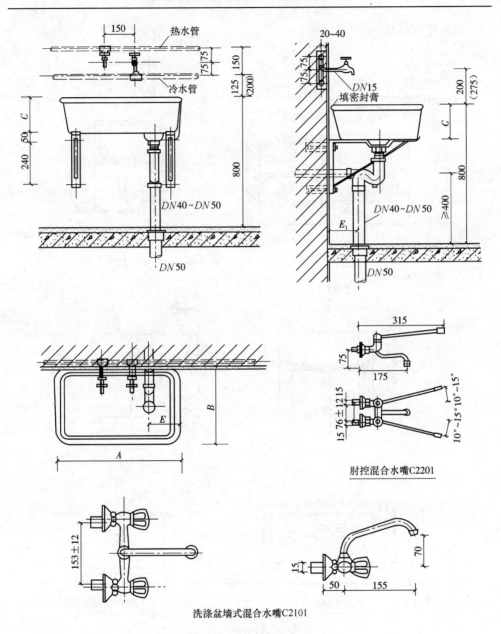

图 6-86　墙面混合洗涤盆安装图

2)存水弯采用 P 形或 S 形,由设计决定。

3)冷、热水管可明装或暗装,由设计决定。

4)括号内尺寸为采用 C2201 水嘴时的安装尺寸。

2. 洗涤池安装图实例

(1)图 6-87 是某卫生间洗涤池安装图。

(2)实例解析。

给水管可暗装,由设计决定。

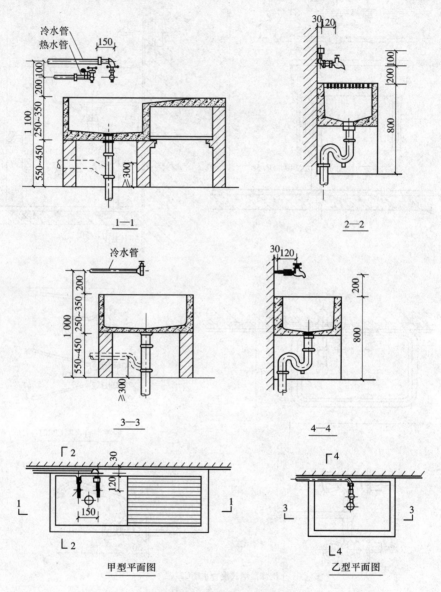

1—1

2—2

3—3

4—4

甲型平面图

乙型平面图

图 6-87　洗涤池安装图

3.毛发聚集器构造及安装图(埋地式) DN50～DN100 实例

(1)图 6-88 是某建筑物内毛发聚集器构造及安装图(埋地式)DN50～DN100。

(2)实例解读。

适用于理发室、浴室排水管等场合,并可利用为地漏排水;地漏安装时应调节地漏面低于周围地面5～10mm。

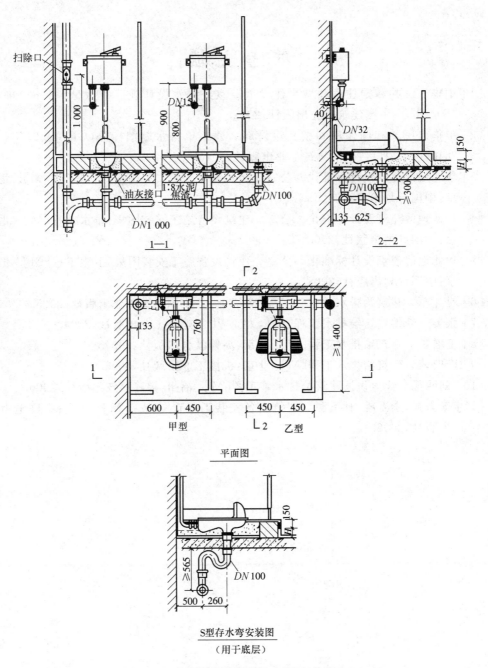

图 6-88 毛发聚集器构造及安装图(单位:mm)

参 考 文 献

[1] 中华人民共和国住房和城乡建设部. 室外排水设计规范(GB 50014—2006)
　　[S]. 北京:中国建筑工业出版社,2012.

[2] 中华人民共和国住房和城乡建设部. 建筑给排水制图标准(GB/T 50106—
　　2010)[S]. 北京:中国建筑工业出版社,2010.

[3] 华北地区建筑设计标准化办公室. 建筑设备施工安装图集:给水工程[M]. 北
　　京:中国计划出版社,2008.

[4] 华北地区建筑设计标准化办公室. 建筑设备施工安装图集:排水工程[M]. 北
　　京:中国计划出版社,2008.

[5] 华北地区建筑设计标准化办公室. 建筑设备施工安装图集:卫生工程[M]. 北
　　京:中国计划出版社,2008.

[6] 樊建军. 建筑给排水及消防工程[M]. 北京:中国建筑工业出版社,2005.

[7] 张英. 新编建筑给排水工程[M]. 北京:中国建筑工业出版社,2004.

[8] 壬增长. 建筑给排水工程[M]. 北京:高等教育出版社,2004.

[9] 李亚峰. 建筑给排水工程[M]. 北京:机械工业出版社,2006.

[10] 刘明德. 快速识读建筑给排水施工图[M]. 福州:福建科技出版社,2006.

[11] 李力强,李万胜,林圣源. 建筑设备安装工程看图施工[M]. 北京:中国电力
　　 出版社,2006.